「なぜ3割間伐か?」

林業の疑問に答える本

藤森隆郎

全国林業改良普及協会

はじめに

この本は、森林・林業関係の方々から全国林業改良普及協会に寄せられてきた質問に対して、私がお答えさせていただくものです。仕事に取り組むときには、「なぜそうなのか」を常に考えることが大切です。それによって技術が向上し、仕事のやりがいが生じてきます。それは森を良くし、経営の向上に結びつきます。常に「なぜなのか」を問い、向上を重ねていくところに仕事の面白さがあります。森林や林業はそのような面白さがいっぱいある世界です。しかし自ら考えるということをしないと、逆に訳のわからない面白くない世界になってしまいます。森林や林業には自ら考えないとわからないことがいっぱいあるからです。そのようなことから皆さまがいろいろなことに疑問を抱かれることは大事なことであり、その疑問にお答えすることは私自身にもよく考える機会が与えられてありがたく思っております。

この本は「なぜなのか」という疑問にお答えするものです。しかし先に述べましたように自ら考えるということが大事であり、私の答えは皆さまがお考えになるときの参考になればというものです。質問や疑問を交し合っていくことは、物事の改善や向上のために非常に大事なことであり、そのこと自体が仕事のやりがいを増していきます。この本はそういう点でお役に立てればと思います。

この本には11の質問がありますが、これらは全国林業改良普及協会が、いろいろな機会を通して集積してきた会員などからの多くの質問を整理し、集約したものです。色眼鏡が働かないように質問には私は一切関わっておりません。でも本書の質問と似た質問は私も講演などでよく受けており、私が質問を設定したとしても同じような質問が多かっただろうと思います。

私はこれまで、森づくりに関する内容の本を多く書いてきましたが、それらは教科書的、体系的に順序立てたものであり、その順序通りに読むのは根気を必要とするところがあります。それに対して本書は、一つ一つの質問に対して、その中で完結するように答えがなされており、どこから読んでもらっても、それぞれが分かりやすいものと思います。そして全部を読むと、すべてを通した大事な共通項が見えてくると思います。多くの質問の答えに共通しているところは、森林・林業に対する考えの本質的なところだと思っていただいてよいと思います。それは森のことをよく知り、社会のことをよく考え、将来に対して責任を持つという姿勢の中で、現在の要求事項に最大限応えていくということです。森林・林業の仕事に対する誇りはそういうところから生まれるものではないかと思います。

11の質問への答えを通して、そこから浮かび上がってくる日本の森林・林業のあり方に対する考えを最終章として最後に付け加えました。それは日本の自然環境をよく理解し、これまでの森との付き合いの歴史を踏まえ、これからの持続可能な社会のあり方にどう対応していくかという基本的な考え方です。森林・林業にはそれに基づくしっかりとした哲学とビジョンがなければなりません。

日本は森の国です。言うまでもなく森林生態系は、物質やエネルギーを供給し、気象を緩和し、多様な生物の生息場所を提供します。日本の自然資源の供給物で、努力をすれば唯一自給率を１００％に近づけられそうなものは森林資源だろうと思われます。それを支える森林生態系は国土保全にも、地球環境保全にも不可欠な役割を果たしています。そのような森林生態系は、多様な生物とそれによって形成される土壌によって基盤が支えられています。それは結局日本の緯度、地形、海流などによる温暖で豊かな水などに恵まれた環境条件の賜物です。縄文時代以来われわれ日本人は森の民でした。日本の森林と最も利口に持続的に付き合っていくことこそ、日本の国力や文化の土台として大事なことだと思います。本書のどのような質問に対する答えにも、背景にはこのような考えがあります。

もちろん本書は現在の社会・経済的な要因や、経営者・技術者のレベルの問題など、現実に照らした無理のない考え方の中でお答えすることに努めております。社会的理念と科学的根拠に基づいたあるべき社会の姿を描きながら、現実的な森林・林業の問題をどう考えていくか、そして経営や作業技術をどう高めていくかを本書を通して考えていただければ幸いです。それはいろいろな立場の方々に共通して大事なことだと思います。このように本書は、私の専門的立場から森林の取り扱いに対する技術的な質疑が中心ですが、持続的な社会の構築を目指す中での森林・林業の振興に対する現実的な方策についてもできる限り考えることにしています。

本書の出版のために終始お世話になりました、全国林業改良普及協会の白石善也氏、只野正人氏、高瀬由枝氏、その他多くの方々に心からお礼申し上げます。

２０１４年12月

目次

質問1——

造林のことはどうなっているのか？

今の林業では、間伐のことが重視されていますが、造林についての話題をあまり聞きません。今は植える場所も少ないから無理もないと思いますが、でもいずれ造林をしないと森は再生しません。といっても山主にとって造林は経費的にも負担が大きいのは事実です。今後、造林をどのように進めたらいいのでしょうか。

答え——

減り続けている日本の人工林の造林面積

あなたのご質問は、林業のあり方と人工林の管理のあり方において、極めて大事な問題の提起であり、そこには深い考察を必要とします。持続可能な林業経営のためには、長期的に目標とする適正範囲の生産物をコンスタントに供給できる生産設備（経営対象の森林）を整備していく必要があります。あなたは、そのような林業経営のビジョンに対して、伐っていくばかりで、造林を伴っていない現状に疑問を呈しておられるのだと思います。

いきなり堅苦しい言葉の定義に触れて恐縮ですが、ここであなたの使っておられる「造林」という言葉の意味を整理しておきます。あなたは「造林」という言葉を、植栽から下刈り段階の初期保育までのことをいっておられるようです。あるいは「植栽」だけでなく「天然更新」も含むなら、「造林」という言葉よりも「更新」という言葉を用いた方が良いと思います。「更新」というのは世代の交代のことです。また、「造林」という言葉は、目標林型にいたるまでの森林の管理、施業全般にわたる「育林」と同じ意味でも使われます。でも、ここではあなたに合わせて、「更新に関わる作業」を「造林」という言葉を使って答えさせていただきます。

まず日本の人工林の現状を見てみましょう。齢級構成は10齢級（50年生）前後に集中しており（**図1**）、それらの多くは間伐が遅れていて、混みすぎの林分（**用語解説1**）状態にあり

図１　人工林の齢級構成（1966 年と 2012 年の比較）

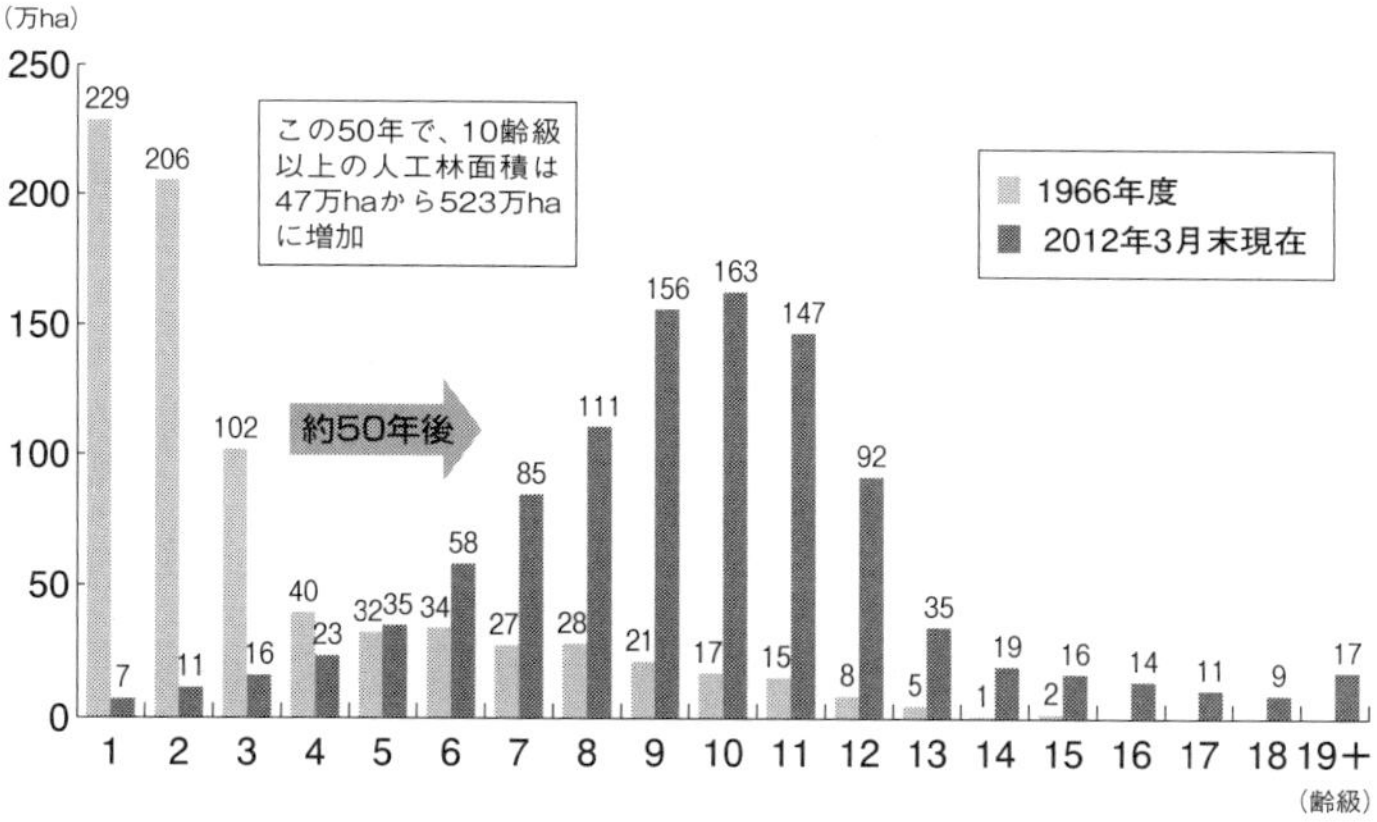

注：齢級とは、森林の林齢を５年の幅でくくった単位。人工林は、苗木を植栽した年を１年生とし、１～５年生を「１齢級」、６～10 年生を「２齢級」と数える。
（林野庁、平成 26 年度版　森林・林業白書）

ます。またその構造は、個々の木の材質を低下させ、気象災害に対して脆弱な構造であり、その状態がますます進行しつつあります。このように日本の人工林は現在混みすぎで不健全な状態にありますので、大量の間伐を必要としています。そのためにこれから数十年ぐらいの間は、木材の供給は間伐材を中心とし、長伐期施業に移行させていくことが必要です。せっかく育ててきた人工林を崩壊させず、次世代以降に資源の基盤を残していくためにもこれは必要なことです。現在間伐が特に重視されているのは意味のあることです。

しかし一方で次の問題も考えなければなりません。いつまでも間伐収穫に頼れるものではなく、新たな世代の森林も育てていかなければなりません。今40〜50年生の林分を長伐期に持っていって、それが主伐収穫の時期を過ぎた時に、それに続く世代の林分が途絶えてはならないということです。この数十年の間、造林面積は減り続け、それは近年さらに少ない状態になっています。したがってこのままでは持続可能な林業経営は難しくなるでしょう。林業への諦めや、材価に照らして造林経費が高くつきすぎるということが造林できない理由ですが、このままであってはならず、そこにわれわれの英知を働かせることが大事です。将来は人口が減り木材の需要量は減るとしても、持続的な供給のソースを絶ってはなりません。

長伐期施業といっても、伐期は70年生ぐらいから120〜130年生ぐらいまでの広い範囲に及ぶものであり、その範囲で徐々に齢級配置を整えていくことはできるでしょう。しかし今40〜50年生の林分をどのようにならしていくかは、長伐期によるだけでなく、現時点でもある程度の面積を皆伐して造林する必要があります。その対象として優先されるべき林分は、樹冠長率（**用語解説2**）が20％以下ぐらいになっている過密林分です。このような林分は間伐しても、残された木の成長は回復しにくく、気象災害に対する脆弱性は残されたままで、生産の安全性は保障されません。またそのような林分で生産された材は、風による幹の内部の傷が多く、市場価値も期待できないので、長伐期に持っていくメリットはありません。ただそのような林分の所有者に造林意欲があるかどうかは疑問が大きく、それについては、周辺の篤林家に林地を購入してもらったり、森林組合などに管理を委託したり、それらを促進する行政の適切な対応が重要になります。

さてそのようにして齢級配置の平準化に努めていくとしても、造林コストの高さをどのように軽減していくかは、施業体系全体を通して考えなければならない重要なことです。材価はかつてのような高値に戻ることはないと考えておかなければなりません。したがって長期的に見ると造林コストをできるだけ少なくし、造林経費の割合を小さくしていく施業体系を考えていくことが不可欠です。これについては次節以降で考えていきたいと思います。

あるべき林業の姿に照らして考える

従来、標準とされてきた40～50年ぐらいで主伐をして更新・回転させていく短伐期の施

図２　日本のスギ人工林の造成に要する費用

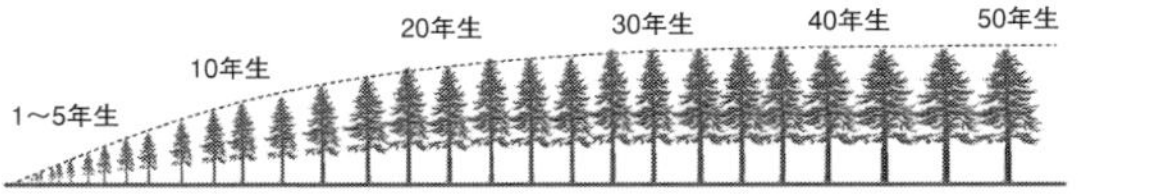

齢級	1	2	3	4	5	6	7	8	9	10	合計
費用（万円/ha）	126	30	20	14	13	7	5	8	5	5	231

（林野庁、平成 26 年度版　森林・林業白書）

業体系は、これからの社会に必要な森林生態系のサービス（**用語解説３**）を生かした持続可能な林業経営に合いませんし、造林コストの点からも難しいことです（**図２**）。それに対して私は、目標林型は大径木を主体とする森林に置き、間伐による収入を重視していくことが大事だと思います。

　ご存知かと思いますが、温帯の林業国における更新・初期保育経費を比較しますと、日本は他国の約10倍を要しています（**表１**）。それを改善していくことは極めて重要で、そのためには長伐期多間伐施業が有効です。なお日本の更新・初期保育経費が高いのは、年中雨が多くて夏高温になるために、生物多様性が高く、特に草本・灌木・つる植物の繁茂が激しいからです。生物多様性が高く、植物の成長が大きいということは、林業の基本条件としては大事なことですが、それが逆にマイナスにもなることに注意が必要です。

　今、50年で主伐をする場合と、１００年で主伐をする場合とを

表１　温帯諸国の造林コストの比較（行武潔、林業技術 701、2000 年）

単位：円／ha

費用項目	宮崎		カナダ	ニュージーランド	スウェーデン	フィンランド	ノルウェー	中国
	M 地域；1993	N 地域；1993	1993	1993	1996	1996	1998	1993
地拵え	130,000	330,000	30,000	30,000	17,850	17,850	17,160	
植林	300,000	190,000	50,000	21,000	67,350	62,250	83,600	50,700
下刈り	600,000	700,000		8,400				
除伐	300,000				27,750	28,500		
施肥等					21,900	19,500	39,160	27,300
枝打ち	300,000	300,000						
間伐			70,000 ～ 160,000	13,200	259,050	224,400		39,000
その他								
林道		501,314						
合計	1,000,000 ～ 1,500,000	1,520,000	150,000 ～ 300,000	104,100	393,900	352,500	139,920	117,000

注１：日本、カナダ、ニュージーランド、ノルウェーは行武、吉本、加藤の調査結果で、費用合計は各費用品目と必ずしも一致しない。

注２：スウェーデン、フィンランドは、“SKOG FORSK：Results,2-3 NO1, 1998“による。

注３：中国はアメリカ黒ポプラで、海外農業開発協会“中華人民共和国地域暖帯系ポプラ林造成・利用開発事業調査報告書”'26,1994.3 による。

（著者注）この表には何年間におけるという年数の範囲が示されていないが、間伐の項目が入っているので、数十年の範囲であると見られる。しかし日本の宮崎は間伐経費が入っておらず、これが入れば合計額はさらに大きくなる。

比較してみましょう。50年で主伐（皆伐）をして苗木を植栽しますと、その更新面は植栽木よりも陽性の草本類や木本類にとっての好適生育環境となり、雑草木が繁茂します。だから多大な下刈りやつる切り作業が必要です。それに対して50年生時に主伐をしないで間伐で通過していくとどうでしょうか。間伐で空けた空間は、１００％まで目的樹種の残存木によって利用できます。ただし、残存木がすべての空間を利用できるものではありませんから、その空いた空間から林内に光が入り込み、下層の植生は豊かになります。この下層の植生は、上層の目的樹種と光を巡って競争することはなく、目的樹種と下層植生は生育空間を上下でシェアしあうことができます。この構造は生物多様性を豊かにし、土壌構造を発達させ、目的樹種の成長にプラス効果を与えます。そのメカニズムについては「質問7　きれいな森、いい山の条件とは？」で説明しています。

こうしてみますと、せっかく形成されてきた森林生態系、すなわち木材の生産設備である森林生態系の構造と機能がようやく高まってきた段階で、それを取り壊してまた一から多大な労力とコストをかけることに疑問を抱かざるを得ません。皆伐は生産設備として最も重要な土壌の機能を低下させます。そのことからも伐期はできるだけ長くすることが望まれます。長伐期施業は主伐収穫（収入）に対して間伐収穫（収入）の比率を高めていくこと

表２　短伐期と長伐期施業の比較
（大貫肇・田口譲、現代林業 2007 年８月号）

	50 年伐期×２回				100 年伐期				
	50 年皆伐	40 年間伐	50 年皆伐	計	55 年間伐	70 年間伐	85 年間伐	100 年主伐	計
立木材積（㎥ /ha）	460	108	460	1,028	112	105	119	626	962
単木材積（㎥ / 本）	0.54	0.24	0.54	0.47	0.44	0.70	1.06	1.86	1.13
丸太材積（㎥ /ha）	279	33	279	591	55	63	89	571	778
歩留まり	61%	31%	61%	57%	49%	60%	75%	91%	81%

注：100 年伐期の方が丸太材積や採材歩留まりが高まることに注意。

ができ、主間伐合計を高めることができます（**表２**）。そういう考えに立てば今間伐を重視していることは大いに結構なことだといえます。

適切な間伐（例えば材積間伐率25～30％で10年間隔ぐらい）を進めていきますと、１００年生以上になれば、主林木の本数が１００本以下というように減ってきます。そうなりますと林内の光環境は生産目的とする樹種の次世代の更新に適したものとなってきます。この時に、林内の比較的大きな空間で、ちょうどよい光環境のところに順次目的樹種を植栽していきますと、更新はうまく図られていきます。そのような光環境は、スギ、ヒノキ、エゾマツなどの稚幼樹の生育に適した半日陰でかつ、ササ、ススキ、その他の雑草木の繁茂をある程度抑えることができる環境です。天然更新ができるところではもちろんそれを行います。

ここまでいきますと皆伐一斉更新ではなく、択伐による非皆伐更新、すなわち択伐林施業、あるいは複相林施業といわれるものになります。われわれが目指すべき低コストの施業とはこういうものだろうと思います。択伐林にはいろいろありますが、ここでイメージしているものは群状択伐と単木択伐の組み合わさったようなものです。そのような場所では天然更新も随所で期待できますし、少し地掻き処理をすれば天然更新はさらに期待できます。

「複相林」と「複層林」

なお、一般に使われている「複層林」という用語を本書で「複相林」とした理由は**用語解説４**で説明しています。しかしここでごく簡単に説明しますと、林冠が空いて生じた空間をギャップといいますが、複相林は順次生じるギャップに新たな世代の小集団の林木が育っていく構造の森林をイメージしています。複層林が上下方向に重なったイメージであるのに対して、複相林は水平方向に高さの異なる樹木群が分布しているというイメージです。

１９８０年代から政策的に推奨されてきた複層林施業は、50年生前後の林分に強度の間伐をして、見た目の複相林をつくろうとしたもので、複相林にいたる長いプロセスが踏まれておらず、うまくいった例はほとんどありません。複相林は長いプロセスを経て成立するものであり、複相林施業は多間伐を経て１００年生近くにいたった林分において、択伐によって可能になっていくものです。したがって間伐というのは複相林施業へのプロセスという意味も持ちます。私が使い分けている間伐と択伐との違いは、間伐は単に間引きをする作業、あるいは途中段階で単木的に収穫する作業のことであり、択伐は次世代の木の更新と結びつけた部分的伐採というところにあります。択伐には単木択伐、群状択伐、帯状択伐があります。これらを組み合わせた択伐が最も順応性が高いようです。

複相林施業に持っていくには、一定レベル以上の技術力が必要であり、また地域ごとの事情もあって、どこでもできるというものではありません。技術力というのは、局所的な光環境と低木の成長の関係の把握、低木を傷めない伐出作業の力などです。したがって常に一定量の皆伐一斉更新は必要でしょう。ただし皆伐といっても、それは小面積皆伐に留めるべきです。

なお、先の長い話になりますが、択伐林施業で森林が回転し出せば、木材供給はコンスタントになり、皆伐一斉更新における齢級配置の心配はいらなくなります。齢級配置を均等に守ることは難しいですが、択伐林施業で材を出していけば択伐の程度で供給のアジャストができ、経営の弾力性は高まります。

それでもやはり今造林は必要

今ある40～50年生を中心とする森林を長伐期多間伐施業に持っていけば、これから先数十年ぐらいは間伐材で供給は賄うことができるでしょう。しかし造林が伴わないとストック（生産設備）はその後徐々に減っていきますから、今からそれに備えた相応の造林が必要です。その対象地は、先に述べましたように樹冠長率が20％を割ったような過密林分で、かつ伐出条件と土壌条件に恵まれた林分です。そのような過密な林分は間伐をしても、その後もまともな成長が期待できず、気象災害を受ける危険性が非常に高いものです。

そのようにして今からある程度の世代の交代を図っていけば、今の40～50年生ぐらいの森林が１００年生に近づいて間伐材供給量が減ってきたときに、今造林しておく森林からの供給が可能になり、全体の供給の平準化へのプロセスの断層を埋めることができるでしょう。

その後は、今ある森林が１００年生前後になって順次複相林に移行していって、その複相林からさまざまな径級の材が恒常的に供給されていくことにより、供給の安定性は高まるでしょう。もちろんその安定的供給は、長伐期多間伐施業の皆伐一斉更新で回転させていく森林からの供給とうまく組み合わせてのことです。皆伐一斉更新の林分は、齢級配置ができるだけ均等になることが望ましく、今の40、50年生の齢級集中を分散していく必要があります。

目標林型を、択伐林型（複相林型）にしていくか、単層（相）林型にしていくかによって、間伐の仕方は変わってきますが、そのどちらにするかをまだ決められなければ、今は間伐を積極的に進めながら将来の選択肢を考えていけばよいと思います。

自然を生かした針広混交林施業を考えることも必要

先に述べた考えの要点は、施業体系全体を通して、木材の供給量の平準化を目指し、かつ造林コストをできるだけ小さくしていこうということです。齢級の平準化ではなく供給量の平準化であることに注意してください。それが日本の林業が持続的、安定的に歩んでいける必要条件だと私は思っています。その考えをさらに進めますと、針広混交林施業にまで及びます。それは日本の自然を最も生かした施業法だと考えられるからです。最も低コストな施業法とは、その地域の本来の自然をできるだけ生かす工夫をした施業法だと思います。

日本の自然環境下では、スギ、ヒノキ、エゾマツ、トドマツなどは落葉広葉樹の中に、群状、単木状に混交して生育するのが普通です。なぜそうなのでしょうか。それは落葉広葉樹と常緑針葉樹の混交した林分の林内の光環境は、落葉広葉樹にとっても、常緑針葉樹にとっても更新に都合がよい光環境だからです。落葉広葉樹ばかりだと林内は明るすぎてササなどの下層植生が繁茂して樹木の更新を妨げます。常緑針葉樹ばかりだと林内は暗すぎて、これまた高木性の樹木は更新できません。したがってスギやヒノキばかりを植えた人工林内でのスギやヒノキの更新は難しく、皆伐をして苗木を整然と植えるのが一般的になってきたのです。すなわち林業技術は農業技術を模倣したような一律な人工林施業になってきたのです。

苗木を植栽するようになったもう一つの理由は、皆伐跡の裸地面はスギやヒノキの天然更新による種子から芽生えた稚樹にとって気象条件が非常に苛酷だということです。スギやヒノキの芽生えの成長速度は非常に遅く、その間に強い雨の雨滴を受けると、根ごと掘り返されて流されます。真夏の炎天下の高温にも耐えられず、乾燥にも耐えられません。冬の霜柱にも掘り起こされます。要するにスギやヒノキの種子から芽生えた稚樹は適度な日陰の林内でないと育たないということです。そのために皆伐と苗木植栽をセットにした農業的な施業技術が発達してきました。

しかし短伐期の皆伐一斉更新の方式は、農山村に人が多かった時代に可能なことで、日本社会の人口減、農山村の過疎化（これはあらゆる英知を絞って食い止めなければならないことですが）、そして造林、育林に要する高い人件費からして、今後回転させていくことは困難が多いでしょう。したがってすでに述べたように長伐期多間伐施業のウエイトを高めていくことが不可欠で、その延長上に択伐林施業があるわけです。

択伐の複相林施業は造林コストが低く抑えられます。そしてさらにその先に、日本の自然の姿を最も生かした針広混交林施業があるわけです。これはかなり先の目標になりますが、そのような自然の姿に近づけたところで施業をしていくのが、持続的であり総合的に見て費用対効果は高まるものとみられます。そして針広混交林は生態系サービスの基盤である生物多様性を高めることにおいて優れたものです。それに対して私たちはあまりにも農業的な単純な構造の森林を追い求めすぎてきているのではないかと思います。

針広混交林施業の例は、優れた篤林家の人たちの中に結構見られます。例えば秋田県の佐藤清太郎氏は、落葉広葉樹林の中にスギを3本寄せた巣植えを行って、下刈り経費をほとんどかけない施業を行っておられます(**図3**)。そのスギは素性よく、気象災害に対しても強く育っています。徳島県の橋本光治氏のところでは、スギの長伐期多間伐施業を進めながら、広葉樹の侵入も歓迎し、できるだけ自然力に沿った施業を目指しておられます。そして林内の必要なところにはスギやヒノキの苗木も植えておられます。それにより低コストで持続的な林業経営の基盤が高まってきています。

総合的な考察が必要

このように将来において施業体系の中における造林作業の比率は低くなっても、造林を継続的に行っていくことの重要性は変わりません。苗木の育成、植栽、下刈りなどの技術の伝承は大事です。針葉樹単層林施業でも、これまでにわれわれが築いてきた技術を長伐期多間伐施業でしっかりと実践し、１ha以内の面積で皆伐更新させていくならば、森林生態系の多面的機能の発揮の調和の面でも、育林の低コスト面でも評価の高い施業といえる

図３　落葉広葉樹林の針広混交林への誘導

秋田県の佐藤清太郎氏は、落葉広葉樹林の中に、空間（光環境）や土壌条件などを考慮しながら３本を単位としたスギの巣植えを行っている。

でしょう。小さな皆伐面が随所にあると、ランドスケープの構造の豊かさが増し、生物多様性の保全の上で好ましいといわれています。そのようなことから、単層林、複相林、混交林のさまざまな施業が選択されるとよいと思います。単層林施業でも長伐期多間伐施業であれば、広葉樹の低木層が発達してきますので、その構造は上下で住み分けた針広混交の2段林だとみることができます。そういうことから長伐期多間伐施業を評価することも重要です。

なお、コンスタントな造林の必要性を認識し、それを実践しようとしても、30年ぐらい前から問題になりだしたシカの食害による被害は深刻で、その防除に要するコストは多大なものです。造林の問題を解決するためには、シカの生息密度を抑える仕組みに国を挙げて取り組まなければなりません。私は県や市町村の職員に野生鳥獣の専門家が採用されることが不可欠だと思っております。そのように地域に根差した専門家と農林業家のコラボレーションが必要です。

長伐期多間伐施業、択伐林施業、針広混交林施業のいずれの目標林型も大径木を含むものです。それは森林生態系サービス（**用語解説3**参照）の機能が高い構造の豊かな森林であり、そこには大径木が不可欠なのです。大径材は、それが環境保全的に優れた施業（長伐期施業や択伐林施業）によって生産されてきたものの証です。長伐期施業（大径材生産）や択伐林施業は短伐期施業に比べて土壌保全に優れ、それは環境保全と生産力の持続性の両方に優れています。

林業の最も誇れるところは、生産と環境を調和させて持続可能な循環型社会の構築に貢献できる産業だといえることです。大径材だけでなく木材の価値そのものを認め、適正な木材価格を形成することは、決して林業側の都合からの話ではなく、持続可能な社会の構築に向けて必要不可欠な社会的命題だと考えます。このことについては「質問３　森づくりの目標とは？」、「質問９　大径材のゆくえ」などでも繰り返し出てきます。

あなたのご質問の範囲を超えるようなところまで話が及んだようですが、そのようなより深く広い視野で造林の問題を捉え、考えを深めていただけたらと思います。

質問2――

豊かな森とは?

スウェーデンには『豊かな森へ――A Richer FOREST』(日本訳タイトル)という林業の本(教科書)があるそうです。豊かな森づくりを目指す、という言葉も聞きますが、豊かな森とは、誰にとって豊かな森なのかが気になっています。人、地域社会にとって豊かな森を目指すべきなのか、森自体が豊かな状態(例えば動植物が多いとか、生物多様性などで豊かだとか)を目指すべきなのか。そもそもこの二つは両立するものなのでしょうか。

答え――

『豊かな森へ』の本の本質

スウェーデンでは、国の組織に準じた林業協会から『豊かな森へ』という（図4）、大変優れた分かりやすい本が出ていて、林業関係者から一般国民にいたるまで幅広く読まれています。この本はカラー刷りで、美しい絵がたくさん挿入されており、読んでいて楽しく、それでいて人と森との付き合い方の大事な点を踏まえた優れた本です。この本の最大の特色は、人、地域社会にとって豊かな森と、森自体が豊かな状態であることの調和を目指していることです。それはその地域の自然の主な姿である針広混交の多様な樹種で構成された森林を目指すことであり、木材を収穫するときに皆伐してしまうのではなく、何%かの大径木を残して、それらを将来の衰退木、立枯木、倒木にして構造の多様性を維持していこうとするものです。それにより更新してくる次世代の木と老木、衰退木、立枯木が組み合わさった豊かな構造の森林にしていこうというものです。

これはどういうことかといいますと、「健全な森林生態系」というならば、そこには大径の衰退木、立枯木、倒木がなければならないということが基本認識としてあることです。多様な生物の住める森林生態系であるためには、構造の多様性が必要であり、そこには大径の衰退木、立枯木、倒木の含まれていることが不可欠なのです。例えばフクロウにとってはウロ（樹洞）のある木が営巣のために不可欠であり、立枯木や倒木によって生じた、ギャップといわれる林冠の空間がフクロウなどの猛禽類の狩場として不可欠なのです。ギャップは草や稚樹が豊かで、ウサギやネズミなど小動物が餌を求めて集まり、フクロウなどの猛禽類にとっては視界が利いていて大事な餌場となります。そういう構造の森林は老齢段階（**用語解説5**）の天然林（**用語解説7**）に特有なものです。多くの動物にとって樹洞や倒木は営巣や冬眠の場として不可欠なものです。また衰退木、立枯木、倒木などはさまざまな着生植物、コケ、キノコ類などの生育場所として不可欠なものです。

このように森から木材を収穫しながらも老齢段階の大事な構成要素である大径の衰退木や立枯木などを残して、生産と環境の調和、すなわちあなたのおっしゃっている「人、社会にとって豊かな森」と「森自体が豊かな状態」の調和を目指しているのがスウェーデンの「豊かな森」という本の内容です。

私たち人間の側からは、大径の衰退木、立枯木、倒木は何の役にも立たないばかりか、

図４　『豊かな森へ―A Richer FOREST』、1990（表紙写真）

病虫害の温床であるような言い方もされてきました。生育が良く傷などのない木が健全な木で、健全な木からなる森林が健全な森林だと信じてきました。豊かな森林とは、人間にとって、その時点で直接経済的価値がある森林だけでなく、長い目で見て多様な機能を発揮してくれる、生態的に健全な森林でなければなりません。

　このような見方は社会のあり方にも大事な示唆を与えます。その時点での経済的指標からだけ見て無駄だとして切り捨てているものの中に、実は失ってはならない大事なものがあることに注意を払わなければなりません。

豊かさは森のため？ 人のため？

あなたのご質問は「人、地域社会にとって豊かな森林を目指すべきなのか、森自体が豊かな状態（例えば動植物が多いとか、生物多様性などで豊かだとか）を目指すべきなのか。そもそもこの二つは両立するものなのでしょうか」ということです。

これについては**用語解説3**「森林生態系サービス」を読んでいただくと理解しやすいと思います。「森林生態系の機能」の中で「人間にとって重要度の高い機能」としてとらえたものを「森林生態系のサービス」と呼んでいます。この「森林生態系サービス」は現在における経済的な視点が強く、木材生産や水資源の涵養などの価値のウエイトが高くなりがちです。しかしそれらのサービスを将来にわたって持続的に発揮させていくためには、「森林生態系の基盤的な機能」である「生物多様性」と「土壌」の保全を重視していかなければなりません。

あなたの問われている「豊さは森のため？ 人のため？」は、「森林生態系の機能そのもの」とその中の「人間にとって重要度の高い機能（サービス）」との関係を問われていることであり、この両者をいかに調和させていくかがわれわれ人間社会に問われている最も重要なことであり、「持続可能な森林管理」とはまさにそれに向けての実践だといえます。「持続可能な森林管理」の実践にはさまざまな手法がありますが、スウェーデンにおける「豊かな森」の取り組みは大変分かりやすい例の一つだと思います。

スウェーデンは平地林が多く広がり、森林所有者の平均所有面積は日本に比べてはるかに大きいです。広い森林においては、生産対象林の中にも大径の衰退木、立枯木、倒木を配置しておこうという余裕があります。またスウェーデンの森林の多くは平地林ですから、湿地を除けばどこにでも機械を入れることができ、大面積皆伐が進行しやすく、天然状態の森林を維持しにくいことから、普通一般の生産林においても常に大径の衰退木、立枯木、倒木がいくらかはあるような施業を目指していこうということになってきたのだと思います。森林施業において、何％かの大径木を残すことによって森林生態系の破壊規模を小さくし、豊かな森の必要条件を維持していこうとしているのだと思います。

それに対して日本の森林の所有規模は一般に小さく、施業も集約的であり、そういうところでは、個々の林地で木材生産をしながら、大径の衰退木、立枯木、倒木を残していくことは困難です。例えば５ha程度の人工林を経営している森林所有者のところで、大径の衰退木、立枯木、倒木を残して施業をするとなると、収穫歩留まりの減少、作業能率の低下は経営に大きく響きます。また日本の地形は複雑急峻ですので、そのことからもどのような林分も同じように一律な施業を進めていくのは困難です。

そのようなことから日本では、木材生産を目的とする生産林（**用語解説8**）では、特に大径の衰退木、立枯木、倒木を残していくということを求めずとも、例え小面積でも随所に衰退木、立枯木、倒木を含む天然林（環境林、**用語解説8**）を配置することによって、流域全体としての森林生態系の健全性を高めていく方策が適していると思います。そのためにはゾーニングが必要です。このゾーニングは大規模なものから小規模なものまでさまざまな規模のものを含みます。１００ha以上の森林を所有している経営者は、その所有林の少なくとも20％ぐらいは天然林で維持していくことが望まれます。20％というのは、生物多様性条約などに出てくる、最低限保全されなければならない天然林の面積率を参考にしたものです。この20％というのはあくまで最低であって、国有林や公有林など大規模所有者を含めるともっと大きな数字であるべきです。

しかもここでいっている天然林とは、今はそうではなくても、目標林型が大径の衰退木、立枯木、倒木のある老齢段階（**用語解説5**）のものまでを含んでいます。こういう森林が随所に配置されていれば、流域全体の森林生態系は健全になり、生産を目的にしたスギ、ヒノキ、カラマツなどの人工林の管理にとっても大きなプラスが得られます。そのいくつかの例を以下に記します。

これまで針葉樹人工林を広大な面積にわたって広げてきた場所では、最も大きく育ったスギやヒノキなどの木がキッツキに孔を開けられている例を私は多く目撃しております。大径の衰退木を含んだ天然林が周りにあれば、キッツキによる人工林の被害はうんと軽減されるでしょう。また仮に人工林の中にキッツキにやられた木が発生しても、その木を伐倒せずに置いておいて構造の豊かな森林の一要素としていけばよいと思います。長い目で見ればそういう森林は、生態的な健全性があり、他の病虫害の蔓延に対しての緩衝機能があるとみられます。近代的ビジネスとして林業経営を営む三重県の速水林業（速水亨氏経営）では、このような生態系の柔軟な考えを採り入れています。**図5**は120年生の形質の良いヒノキ人工林ですが、この中にキッツキの被害木も含まれています。この林分は生産目標に照らした適切な間伐がなされてきており、樹冠長率が60％程度、下層植生が豊かで広葉樹の低木層が成立しています。これらを総合して、人工林としては構造の豊かな森林といってもよいと思います。

人工造林地の植栽木が稚樹、幼樹の間にネズミやウサギにやられる被害は無視できないものです。しかしフクロウが生息できる天然林がモザイク的に配置されていれば、ネズミやウサギによる被害は生態的にかなり軽減されるはずです。しかも人工林の更新が小面積皆伐や群状択伐であれば、フクロウにとっての餌場が増えてさらに効果は高いと考えられます。キツツキやフクロウだけではなく、天然林が随所にあることによって、人工林の病虫獣害の蔓延に生態的防除の歯止めがかかるはずです。

大径の倒木が徐々に腐朽していく過程で、それがいかに多くの生物の生息に寄与し、保水機能を高め、地表流を抑制し、水源涵養機能に貢献しているかを高く評価すべきです。しかもそれが自然のメカニズムでなされていて、費用対機能効果は最高です。地域全体、日本全体の森林を考えた時に、この認識は非常に重要です。

森林配置を考えるためのゾーニングが重要

前述のような森林配置を考えていくには、森と人との付き合い方から見た森林の区分が必要です。誰にも分かりやすい大きな区分は、生産を目的とする人工要素の高い生産林と、

図5　キツツキに孔を開けられた大径木も温存している120年生のヒノキ人工林（速水林業）

樹冠長率が50％以上あり、下層植生が豊かであることに注目。

生産以外の生物多様性や水土保全機能の発揮（いわゆる公益的機能の発揮）を第一の目的にした、自然要素の高い環境林という区分です。これは目的とそのための目標林型、および目標林型に向けた管理・施業法の特色がかなりはっきり違っていますので、最も分かりやすい区分です。生産林と環境林、及び生産林をさらに区分した経済林と生活林についての説明を**用語解説8**で行っていますので、そこを読んでいただければと思います。なおゾーニングの面積単位は1ha弱ぐらいから100haまたはそれ以上まで、立地環境や所有形態によってさまざまであってよいと思います。

一つの林分で生産を最大にするということと、生産以外の公益的機能を最大にするということを同時に満たすということは普通あり得ないということを認識しておく必要があります。これは「豊かな森林とは」を考えていくときに非常に重要なことであり、森林管理のあり方を考えていくときに基本的に大事なことです。その根拠については、拙著（例えば「森林生態学―持続可能な管理の基礎」全国林業改良普及協会）などに詳しく書かれています。

生産林の管理について大事なことは、生産林は、生産だけを考えればよいというものではないことです。生産を第一に考えながらも、環境保全機能の発揮、公益的機能の発揮との乖離を最小限に抑えて、生産と環境との調和を図っていくことが必要だということです。ただ、先ほども申しましたように、日本のように地形や所有規模が複雑なところで、生産林の中に大径の衰退木、立枯木、倒木を残していくには困難が伴いがちです。したがってそれらの存在は環境林に多くを委ねた方がよいと考えられます。

生産林—生活林と経済林

生産林は、その地域に住んでいる人たちの普段の生活と結びつきのある生活林と、生産材を市場に供給することを目的にした経済林に分けられます。生活林には、自らのエネルギー材としての薪、キノコ原木、有機物肥料としての落葉採取などを目的にした森林（主に萌芽更新の広葉樹林）、または不定期的な収穫ではあるが、自宅の改修などの資材を生産する小規模な人工林も含まれます。これらの余剰物は市場に出されて、農家の複合経営の大事な要素となります。

生活林は里山（林）といわれているものとほぼ同じです。里山という言葉には里山林という意味が含まれています。里山林は奥山林の対語であることからも分かるように、地理的区分の色彩の強いものです。しかし、ここでは生産林、環境林という機能的、便益的区分と整合性を取るために生活林という呼び方にしています。人々の生活様式や価値観の大きな変化とともに、生活林は放置され機能を失っています。しかし私たちは、「本当に豊かな持続可能な社会とはどういうものか」を問い直さなければならず、新たな時代に向けて生活林のあり方を真剣に考えていくべきだと思います。今、都市部の人たちの里山の再生に対する関心は高まってきているように見えますが、里山の再生は生活林の再生であり、農山村の人たちの生活と産業のあり方に関わるものです。農業と林業の結びついた、地域の生活に密着した生活と産業のあり方を見直すべきだと思います。里山の美しさは、そこで生活している人たちの生きざまからにじみ出るものにあるはずです。「豊かな森」を考えるときに、里山を考えることは不可欠なことです。

経済林がしっかりとした経営基盤の上に立って、持続的な経営を展開していくには、大径材生産の長伐期施業や、技術的に可能なところでは択伐林施業や針広混交の択伐林施業で収穫・更新を回転させていくことが必要です。それが経済林において生物多様性の保全や環境保全と調和させる最も適した施業法です。このことについては「質問1 造林のことはどうなっているのか?」のところで説明しています。またさらなるその根拠については拙著(例えば「森づくりの心得」全国林業改良普及協会)をお読みいただければと思います。

経済林、生活林、環境林の適切な配置で、流域全体の調和を

それぞれの流域、地域において、経済林、生活林、環境林の適切な配置を考えて、それ

図６　里山の生活林

エネルギー材としての薪、キノコ原木、有機物肥料としての落葉採取など生活と結びつきがある。萌芽更新で回転させていく。灌木も採取するので林内の見通しは良い。

らの目標林型を描き、それに向けた管理・施業を行っていけば、人と地域社会にとって豊かな森林と、森自体の豊かさを調和させていくことは可能です。個々の林分で両者を完全に一致させることは無理ですが、経済林、生活林、環境林を適切に配置することによって両者の調和は可能だといえます。また経済林でも、長伐期施業、択伐林施業、混交林施業などを進めることによって生産と環境の調和を高めていくことは可能です。さらにまた経済林、生活林、環境林の中間的なものも実態に応じてあってもよいと思います（図7）。

国有林ではこれまで、尾根筋を中心に一定幅の保残帯を設けてきました。これはそれなりに生態的な機能を発揮してきましたが、生態的に見て河川沿いにこそ帯状の環境林が必要です。河川沿いに特有の樹種（例えばトチノキ、サワグルミ、ハンノキなど）を有する一定幅の森林を「渓畔林」、「河畔林」、あるいは湖沼を含めると「水辺林」などと呼びます（図8）。水辺林には特有の生物相があり、それを再生させ保全していくことは非常に重要です。国有林、公有林、私有林のすべてを通して、水辺林を含めて地域の森林をどのようにゾーニングし、管理していくかは「豊かな森づくり」のために非常に重要なことです。豊かな森は、個々の林分についてみるとともに、流域全体を通してみることが大事です。個々の林分では生産と生物多様性や環境が同時に満たされなくても、流域全体としては調和されていれば、それを豊かな森林といってもよいと私は思っております。

豊かな森を実現させるための制度が必要

前述したようなゾーニングを行い、目標に応じた適切な管理・施業を進めていくために

図７　いろいろな林分の目標林型と配置の目標林型
（藤森隆郎ら、森林施業プランナーテキスト基礎編、2012 年）

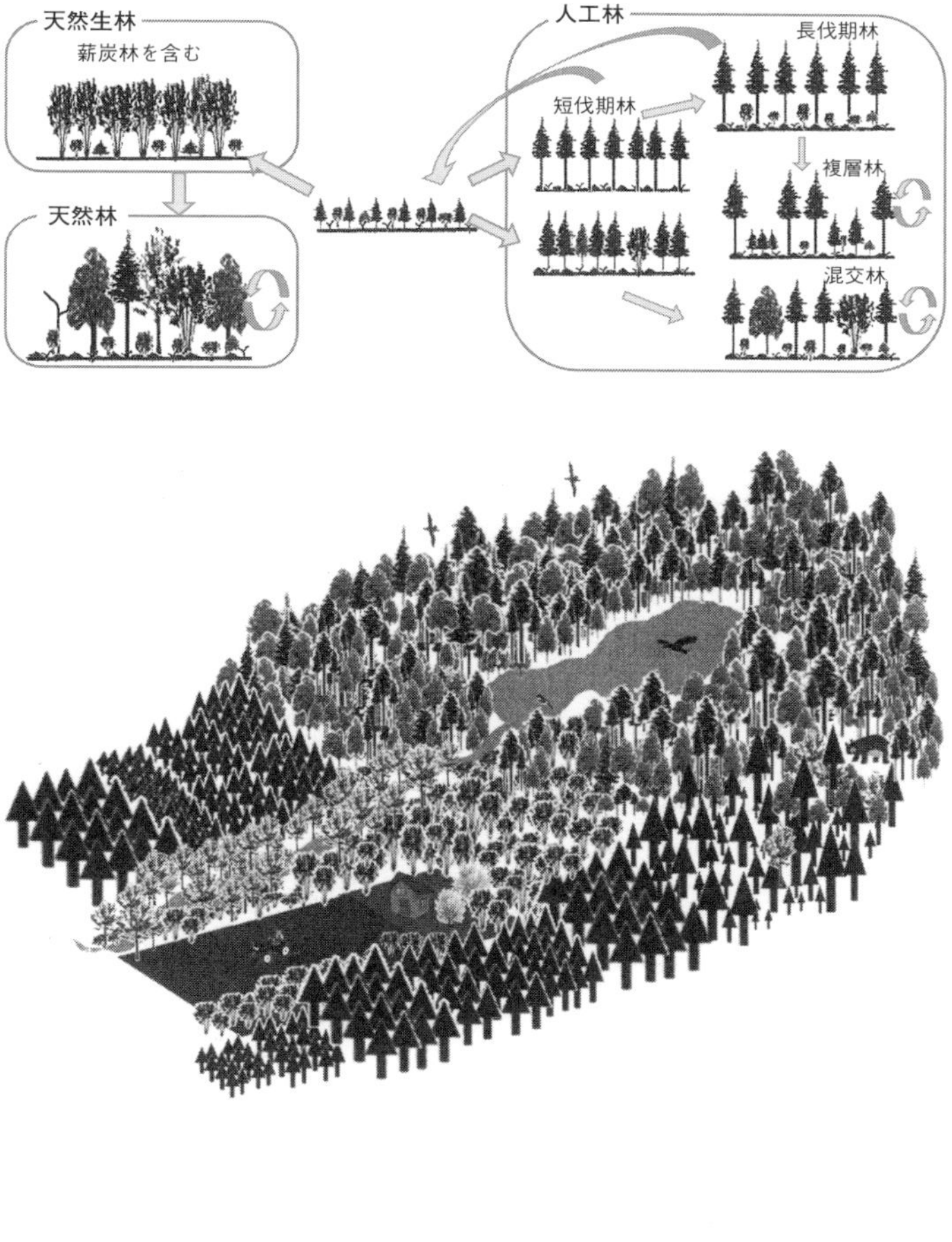

は、それに応じた制度が必要です。

現在の制度の下では、所有している森林から利益を得ようと思えば、林産物を生産しなければなりません。公益的機能の高度発揮のために天然林を維持しようとしても、また天然林化させていこうとしても、その社会的貢献度を評価した見返りは得られません。

50年以上前までは、資材もエネルギーも森林に強く依存していたために、一般の森林は生産を第一に考えて、環境保全などの公益的機能は、生産に規制を加えることによって発揮させていこうとしてきました。今の保安林制度はそういう時代にできた制度です。したがってそこからは生物多様性や、水土保全を第一に考えた場合の目標とする森林の姿を描く発想は出てきません。しかし森林生態系の健全性、生物多様性の保全などという、より根底にある森林の価値がこの数十年の間に国際的に強く問われるようになってきました。生産と生物多様性などの価値を最も調和的に、かつ費用対機能効果を高く発揮できる森林管理のあり方を私たちはこれから求めていかなければなりません。

ここでは制度のことに深くは触れませんが、「豊かな森林とは何か」を考えて、その実現に向けた実践を行っていくには、それを担保する制度の整備が必要です。

生産と環境の調和した豊かな森、田園、街並みの美しい景観を創出していくために、や

図８　水辺林（渓畔林）の構造と機能
（崎尾均、水辺林の生態学、東京大学出版会、2002 年）

はり所得保障制度のようなしっかりとした制度が必要だと思います。所得保障制度には、日本で農業を中心に行われている販売価格が生産費を下回っている場合の差額補填を指すものと、ＥＵに見られる条件不利地で農林業を営む（そのことで地域の自然を保全する）農林家への直接支払・給付のようなものがあります。ここで私が望んでいるのは条件不利地で農林業を営む中に、環境林を保全しているということの評価が含まれるようにすることです。もちろん差額補填も必要だと思いますし、所得保障についてはさまざまな角度からの検討が望まれます。そのように豊かな森づくりを担保する制度が整うことを強く希望します。

質問3——

森づくりの目標とは？

森づくりはもともと自然の力によるものだから、それぞれの地域の自然条件が違えばいろいろな森づくりの目標があっていいように思います。けれど、実際はどこも同じような間伐のやり方で、森づくりではあまり地域差を考えていないような気がします。本来的にはもっと千差万別のやり方があってよいと思いますが、藤森先生のお考えはいかがでしょうか。

（森林分野を目指す学生　20代）

答え――

その地域に合った森づくりが基本

ご質問のように、森づくりは地域の自然的、社会的条件を無視した同じようなやり方になってきており、私もそれはまずいと思っています。ではなぜまずいのかの根本的な考えを先に述べさせていただきます。

日本においても、国際的にも基本的に大事な社会的理念は「持続可能な社会の構築」だと思います。その中には「戦争や紛争のない社会」や「貧困のない社会」などの切口もありますが、「限られた資源を有効に持続的に使う循環型社会」も基本的に大事な切口であり、これは前の「戦争や貧困のない社会」とも密接に関係した重要なものです。

地球環境問題、わけても地球温暖化の問題は、人類が解決しなければならない最重要課題です。地球環境問題というのは地球生態系の問題です。地球生態系は、それぞれの地域の生態系の集まったものです。ですから地球環境問題の解決のためには、それぞれの地域の生態系に沿った循環型社会を築いていくことが基本的に大事だということになります。

ご質問にあります「森づくりはもともと自然の力によるものだから、それぞれの地域の自然条件が違えばいろいろな森づくりの目標があってもよいと思います」というお考えは、まさに前述した基本的な理念に沿う大事なものです。そしてそれは長い目で見て低コストに連なるものです。なお「森づくりの目標」ということですが、あなたの文面からするとそれは「生産林」（用語解説8）についてのお話で、ここでは生産林の目標について述べさせていただきます。「環境林」（用語解説8）には環境林の目標とする森林の姿があることも心得ておいてください。

現場を離れた理論が画一化させてきた

どこも同じような森づくり、間伐の仕方になってきたのを改善していくためには、なぜそうなってきたのかの原因をたどってみる必要があります。江戸時代までは各藩がそれぞれの地域の自然に合った産業や生活様式を重んじてきました。しかし明治維新以降、欧米に植民地化されるのを防ぎ、不平等条約を改正させるために富国強兵に励み、国として近代文明を積極的に採り入れてきました。それは必要なことであったと思います。しかしそれは次のような問題を引き起こしました。

採り入れた近代科学は数学、物理、化学を中心とするもので、一つの法則性をすべてのものに当てはめることができると考える風潮が強まってきたのではないかと思います。生物学においても、医学のための生理学や食料増産のための遺伝学が中心で、それぞれの自然環境の中の生態系を研究するような学問は軽視され、遅れてきました。教育においてそのことは大きかったと思います。また日本は独立国として列強と力を競うために、国としての一律的な動きが求められ、中央集権が強まりました。近代科学の進歩と中央集権は、それぞれの地域の自然を生かした産業や生活用式のあり方を考える力を弱めてきたと思います。また環境への配慮の弱い市場経済の拡大も一律化の要因だと思われます。

一次産業の中では林業は農業に対するコンプレックスを持つようになり、農業を模倣するようになった時期も長くありました。このことも一律化の要因になりました。一律に植栽本数を決め、間伐率を決めるというように、数値が先にあって、それぞれの地域の、それぞれの林分（**用語解説1**）の環境条件や生産目的に応じて自ら施業法を考えるということがどんどん減ってきたと思います。農業においてもそれぞれの地域に合ったやり方が必要ですが、林業においては、自然に合わせていくことがはるかに大事であり、それを考えながら施業をしていくのが合理的であり、林業の面白さであり、そこに林業のアイデンティティーがあると思います。

私たち研究者にも責任があると思っています。研究者はどうしても普遍性を求めて、その法則性に当てはまらないところを無視しがちです。行政の普及の仕方とも相まってそのことはもっと注意しなければならなかったと思っています。近年は地方分権が進んできていますので、地域の特性を出しやすい状態になってきていると思います。地域の大学や研究機関はその意識を高めて研究に取り組んでいただき、地域の行政もそれを生かしてほしいと思います。それぞれの地域にはその地域の自然に合った施業を行う自伐林家などの人々がいて、この人たちは、一律的な施業を行っている経営主体よりも、よい収益をあげているケースが多いです。これらの方々の創意工夫は見習うべきだと思いますし、地域のモデルの材料になると思います。地域の大学や行政機関はそういうものを生かしてそれぞれの地域に合った技術の向上普及に努めていただきたいものです。

かつては地域の特色が生かされていた

それでは地域の独自性とはどういうものかをいくらか具体的に見てみましょう。本州でいうと日本海側の多雪地帯と太平洋側の寡雪地帯で施業方法は明らかに違うはずです。しかし1960年代～1970年代を中心に推進された拡大造林政策の時代には、全国一律に植栽本数は3000本以上で、できるだけ多いことが好ましいという普及の仕方がなされました。当時の生産力の増強を図る計画のもとで、密植する方が生産力は高まるという考えがそうさせていたようです。かつての資源政策は地域への視点が弱かったと思います。多雪地帯で密植を行うと、保育間伐に手間をかけないと冠雪害や雪圧害を受けやすくなり、無駄な労力を要求されます。雪起こしを必要とする時の労力も大変です。

奈良県の吉野のような密植多間伐の長伐期施業体系をとってきたのは、寡雪地帯であること、無節性と年輪構成に優れた材を生産するためであり、その周辺にそのような需要があったからです（図9）。宮崎県の飫肥地方は電柱材や船の構造材に使う弁甲材といわれる大径材を早く生産するために疎植の中伐期施業を行ってきました。九州南部は台風の常襲地帯で、風に対して強い施業法として疎植は理にかなったものです（図10）。

図９　吉野林業地（岡橋清元氏の経営する清光林業）

集約的な林業技術で優良材生産を行う吉野林業。清光林業では密植し、間伐を繰り返して120年生くらいで主伐する。この林分は80年生であるが、密な状態から頻繁な間伐を繰り返してきて現在はかなり疎な状態になり、幹の肥大成長が良くなっている。結果として年輪幅は均一化していく。

このようにそれぞれの地域の自然環境と需要の特性を生かして、かつては各地で特色ある施業が見られました。それが崩れてきたのは、外材に押されて経営が苦しくなり、施業への意欲が減り、結果として何も考えない一律的な方向に動いてきたこともあるかと思われます。また集成材や合板などの加工技術が進んで、材質の評価の差が減ってきたことも大きな要因です。家屋の建築工法も和風における材の表しの要素が減り、柱は壁の中で見えなくなるものが多く、これも材質があまり問われなくなった大きな要因です。その結果山側の素材生産は、あまり質を考えずに、原料を供給すればよいというような考えに動かされているように思われます。地域の自然を生かした特色ある施業が見られなくなってきていることの一番大きな原因は、ここにあるのかも知れません。そうだとすると、それにどう対応するかが最も大事なことになるのではないでしょうか。それは非常に難しいことだということは容易に想像がつきます。でもそれを克服しない限り、山側の素材生産技術（経営技術）のビジョンは描けません。安かろう悪かろうのマイナススパイラルは絶対に避けなければなりません。都市中心の経済理論によってただ川下に買い叩かれるだけという状態では、持続的な特色ある施業はできません。

各地の特色ある林業の例

それでは地域の自然を生かした、これからのあり方についていくつかの例を考えてみましょう。多雪地帯では植栽本数を少なめにし、大径材生産を目的にできるだけ長伐期にするのが得策です。多雪地帯では、幼齢期は冠雪や積雪の影響で成長が遅く、20年生ぐらい

図 10　飫肥スギ林業地の典型的林分

疎植で、低い密度が維持されるので、樹冠長率が 60% 以上と樹冠が発達し、幹の肥大成長がよい。

になってくると成長が目立ってよくなり、よい成長は太平洋側の寡雪地帯に比べて一般的に長く続きます。それは冬季の乾燥ストレスがなく、成長の旺盛な春から夏にかけては雪解け水の恩恵で水分条件に恵まれるからです。日本海側ではこの環境特性を生かすべきです。

多雪地帯の落葉広葉樹林帯では、伏条更新する伏条スギと落葉広葉樹の混交林施業が自然の理にかなった施業法ではないかと思っています。伏条更新とは、若い木の地際の枝が雪圧によって接地して発根し、新たな個体がどんどん横に広がり、光環境の良いギャップができると、出番を待っていたその場所の稚幼樹が成木として成長していく更新法のことです。このような林分では択伐林施業が容易に成り立ちます。逆に林内に苗木を植えたものは冠雪害と雪圧害に弱くて、多雪地帯における植栽による択伐林施業は寡雪地帯に比べて難しいところがあります。

スギと落葉広葉樹の混交林では、落葉広葉樹があるから林内が適度に明るくて、スギの稚幼樹が生育し続けられます。その明るさは落葉広葉樹の天然更新にも適しています。その程度の明るさはササの繁茂を抑え、スギにも落葉広葉樹にも有利な更新環境になります。このことの例については拙著「森林生態学」(全国林業改良普及協会)の中で紹介しています。秋田県や山形県などには実に見事なスギの人工林があり、これらは高く評価してよいでしょう。しかしその地域の自然を最も生かした施業法としてスギと落葉広葉樹の混交林でスギの伏条更新を生かした施業がもっと取り上げられるべきではないかと思っています(図11)。世界的にも枯渇している広葉樹大径材生産のためにも、環境保全との調和のためにも、そして更新の低コスト化のためにも針広混交林施業の評価は重要です。

スギの中には、伏条更新するものと共に、萌芽力のあるものもあります。福井県をはじめ日本海側の多雪地帯にはこのようなスギの系統があり、それを立条スギと呼んでいます。

図11　多雪地帯の伏条更新したスギと落葉広葉樹の混交林
（広島県廿日市市吉和）

スギは積雪に適応して伏条更新する。これまでスギやブナなどが択伐的に収穫されてきている。

この立条スギは冠雪害や雪圧害に強くて、多雪地帯では立条スギの施業をもっと積極的に考えてよいのではないかと思います。更新コストの低減の上からもそうだと思います。立条スギは日本海側の択伐林施業に適しています。

先にも述べましたように、九州南部には飫肥スギ施業のように、疎植で早く太らせる施業があり、これは強風地帯で理にかなった施業だと思います。飫肥スギは大きくなるにつれて、樹高成長に対して肥大成長の割合が増し、耐風性に優れています。雪や風に対する被害が少ない地域の奈良県吉野や埼玉県の西川地方などは、密植多間伐施業を進めてきました。このようにかつてはそれぞれの地域の自然条件と需要の関係から、それぞれの地域で特色のある施業がよく行われていました。しかし近年のように質による木材価格の差は縮小し、かつ価格レベルが全体に低下してきますと、特色ある施業の原動力は失われてきます。一口にいうと粗っぽい施業、単純一律な施業になっていきます。生産技術として最も大事なものの一つである間伐の選木法も、極めて単純で一律的なものになっていきます。これはまずいことです。

材の評価の仕方が重要

以上述べてきたことの解決のために、最も大きな問題は木材の評価のあり方だと思います。施業方法そのものは経営者、行政、研究者が努力していけば改善できるでしょう。しかし生産された材が、それに値する評価を得て取引されなければ、山での生産技術が成り立ちません。

生産者は販売に対する努力が必要です。そして生産者、消費者、行政者の共通認識を高める努力が必要です。真面目に施業してきた人が主伐をしたときに、少なくともその収入によって更新ができ、いくらかの収益が得られる木材価格が設定できる仕組みについて英知を絞っていかなければなりません。

よい経営と施業を成り立たせるためには、良質な材はそれなりの価格評価を得られるようにしなければなりません。そのためには木の文化を再構築しなければなりません。新たな木の文化の大事な視点は、地域から地球規模にいたるまでの環境保全にその木がどれだけ貢献してきたかということが入るべきだと思います。その木が環境保全とよく調和した施業によって生産されてきたものであれば、その分高く評価されるべきです。また長伐期施業や、択伐林施業によって生産されてきた材であれば、環境保全に優れた施業によってきたものとしてそれだけ評価されるべきです。良質の大径材はその指標になるはずです。また広葉樹の構造材や家具材などもそうです。

その次に、その地域で生産された無垢の材を高く評価することです。それは輸送や加工に要したエネルギーが少ないということへの評価です。化石エネルギーの使用による温室効果ガスの大気中への集積は、地球温暖化に関係し、原子力発電は一つ間違えば人為的対応の限界を超えてしまう危険なものです。持続可能な社会のためには、われわれはいかにエネルギー消費量を少なくしていくかということと、危険を伴わない安全で健康な材料を使用していくかという価値観を持つことが大事です。そういう価値観から、良質な無垢の材は評価されるべきだと思います。

このことは集成材や合板のような加工材を否定しているのではありません。これらはいろいろな点で、木材の欠点といわれているところを改良し、機能の高い材を安く供給するものであり、それは高く評価されます。しかしそれによって無垢の良質材の使用があまりにも減り、材価も低く評価されるようになってきていることは、よい森づくりの原動力を失うものであり、社会全体の高い視野からこれを改められるように全力で取り組まなければなりません。

持続可能な循環型社会の構築のために木の文化は不可欠です。よい木が評価され、それに応じた価格で取引されてこそ、地域の自然の特色を生かした良い施業がなされ、地域の環境保全に貢献する良い森づくりができ、それは地球環境保全にも貢献するものだと確信しています。そういう社会づくりを考えた森づくりができる日が来ることを心から願っています。

質問4――

生産と環境を両立できないか？

国の方針として林業再生が打ち出されてから、効率のよい木材生産を目指す林業が進められ、それはそれでいいと思うのですが、環境面での森の役割が軽視されているようにも感じます。といっても環境だけでは林業は出来ません。生産と環境をうまく両立できないものかと考えています。

（市町村林務担当者　20代）

答え――

日本の森林全体に対するグランドデザインがほしい

あなたと同じことを私も感じております。そこで、どうしてそのようになっているのかの原因を考えてみたいと思います。少し難しいところもあるかもしれませんが、しっかりと読み取っていただければと思います。平成21年に政府により「森林・林業再生プラン」が出され、平成23年にそれを踏まえて「森林・林業基本計画」が改定されました。それに沿って施策が展開されていますが、その実践の内容にあなたが疑問を感じておられるとともに、だからどうしていけばよいのかに悩んでおられます。

再生プランとそれを受けた基本計画の内容を見ますと、そのほとんどが、日本の全森林面積の40％に当たる人工林の扱いに終始している感があります。戦後の官民挙げての拡大造林によって、人工林の面積をそれまでの2倍に増やしてきましたが、その後の林業事情の大きな変化もあり、その人工林が間伐もされずに放置されており、その惨状をどう解決するかは喫緊の課題です。この人工林を持続可能な林業経営の基盤となる健全な森林に持っていけるか否かは、もう待ったなしの状態で、この10年ぐらいの間の対応の仕方にすべてがかかっているといっても過言ではありません。それに応えようとして経営革新や技術革新などに真剣に取り組んだ再生プランと基本計画はそれなりに評価されます。

しかしそこに問題もあります。40％の人工林以外の、残りの60％の森林をどのように扱っていくかということを含めて、日本の森林全体をどうしていくかのビジョン、グランドデザインが描かれていないことです。これは環境への視点が弱いといわれることの一つといえます。「生産と環境を両立させる」ためには、それぞれの地域から日本の森林全体に対するグランドデザインを通してそれを考えていくことが不可欠なのです。再生プランや基本計画ではグランドデザインを示した上で、その中でまず喫緊の課題である人工林の扱いに重点を置いた施策を示す、という断りを入れての林業政策の提示が必要だったと思います。

グランドデザインを描くには、生産林と環境林（**用語解説8**）というような第一に求める機能の違いによって、それぞれの目標林型が基本的に異なることを認識して、そのような森林区分をすることが必要です。生産林の中では人工林中心の商品生産を目的とする経済林（**用語解説8**）と、その地域に住む人たちの生活に密着した生活林（**用語解説8**）というようなものをさらに区分することも必要です。生活林というのは里山とほぼ同じ意味で、薪炭材、キノコ原木、有機物肥料としての落葉採取などを主な目的とするものです。これらの適正な配置によって生産と環境の調和を考えていくことが必要です。

森林・林業再生プランで、かつての森林計画制度から新たに生まれた森林経営計画制度の中には、基本的にこのようなゾーニングが必要です。しかし森林経営計画の中には、ゾーニングという言葉はありますが、森林を区分する分かりやすい基準が読み取れません。したがってそれぞれの地域の自治体、森林組合、森林所有者、あるいは地域住民などとの間で新たな時代に沿ったゾーニングに創意工夫を働かせていくことが重要です。ゾーニングの1単位は1ha未満のものから、100ha以上の規模のものまで、実態に応じてさまざまなレベルのものがあってよいと思います。また機能別森林区分の中には、前述したように明白に区分できない中間的なものもあると思います。そういうものは、それぞれの地域の実態に応じて更なる区分の工夫をすればよいでしょう。

環境林と生産林（生活林を含む）の違いは、目標林型を天然林（**用語解説7**）またはそれに近い構造に置くか、人工林または人工要素の大きい構造に置くかの違いにあります。そのようなゾーニングは、お互いの機能を合理的に発揮し、費用対機能効果を高めていくために大事なことです。合理的な森林管理には目的に応じた、分かりやすくメリハリのある区分とゾーニングが必要です。

生産林における環境との調和

生産と環境（生物多様性、水源涵養、炭素貯蔵など）との調和を図るもう一つ大事な点は、生産林において、生産とその他の機能（環境保全機能）の発揮とをどのように調和させていくかということです。さらに厳密にいうと、生産林において生産と生産以外の機能の乖離をいかに小さくしていくか、乖離をいかにゼロに近づけていくかということです。この表現でお分かりのように、一つの林分で生産と環境の両方を同時に最高度に高めるということは、生態学的に見て無理なのだということをまず認識しなければなりません。**用語解説6の図27**を見ていただければそのことは明らかです。**図27**は森林の発達段階（**用語解説5**参照）と森林生態系の機能（サービス）との関係を示したもので、純生産速度と他の機能の変化は全く逆のパターンを示しています。純生産速度は成長速度と置き換えることができ、林業的には材積成長速度とも置き換えられます。したがって林地の木材生産速度を高めることと他機能を高めることは同調しないことがよく分かります。

生物多様性についていいますと、スギやヒノキなどの生産目的樹種を多くすることは、生物多様性と相いれないことは明らかです。ここでは詳しく述べる余裕はありませんが、生物多様性と土壌構造の発達には強いつながりがあり、土壌構造が発達すれば、水源涵養機能は増します。生産林では一般的に成長の高さを求めますが、成長の旺盛な林分は水消費量が大きく、河川への水の流出量はその分減ります。林分の生産量を高めるということは、生産力の高い樹種を多くし、成長の旺盛な若齢段階（**用語解説5**）の森林の比率を高めるということになります。そのように生産を高めることと水源涵養機能は一般的に同調しにくいものです。

そのようなことを認識したうえで、生産林といえども単一樹種の森林よりも複数の樹種の混交林、できれば針広混交林の施業が好ましいとか、短伐期よりも長伐期が好ましいとか、技術的に可能なところは択伐林施業が好ましいというような技術論と経営論が展開されていくことが必要です。生産林において生産と環境の調和をこのように考えていくということと、生産林と環境林の適切な配置をよく考えていくということが、生産と環境の調和を図っていく二つの大事な視点です。

農家林家や自伐林家の評価も必要

「森林・林業再生プラン」では、生産性を高めるための集約化による合理的な伐出技術と路網の整備が強調されています。それはそれで大事なことですが、それによるスケールメリットの強調に偏り、家族労働による専業林家や農業との複合経営で自家労働を生かしながら林業経営を行っている人たちへの配慮に欠けています。そのような指摘を受けて制度の内容の修正が行われてきていますが、今後とも林業の担い手の多様性を重視し、それぞれの担い手の良さを生かしていくことが必要だと思います。自分の住んでいる付近の持山で自家労働によりきめ細かな施業をしているところは、生産と環境への配慮が働きやすいと思います。それはその森の環境が自分たちの生活に直接影響するからです。集約化は重要だと思います。しかしそれとともに、集約化の恩恵を受けにくい環境条件下にある自伐林家の人たちへの配慮も伴ったより一層の施策が必要だと思います。過疎化を防ぎ、豊かな農山村を構築していくことは環境保全のためにも大事なことです。

生産と環境の調和のためにはそれに適した制度が必要

もう一度環境林の話に戻りますが、ゾーニングによって一定の環境林を担保するには、環境林を保全していることへの社会的貢献を評価して、何らかの対価が支払われるべきだと思います。現在の制度の下では、森林を所有していれば、何らかの生産をしないと利益は得られないのが一般的です。このことについては「質問2 豊かな森林とは？」のところで述べていますので、読み返していただければと思います。

国民の森林に対する期待も国土保全、環境保全への期待が高まってきています。以前とは異なり森林生態学的な知識も増え、森林の機能に対する科学的根拠もしっかりしてきています。それを踏まえた新たな制度の検討が必要な時期に来ていると思います。

生産林は生産林としての取り扱い方法の評価、環境林は環境林としての取り扱い方法の評価をはっきりさせることによって、それぞれの費用対機能効果はうんと高まりますし、両方を合わせた効果も当然高まります。すべての林分で生産と環境の両方を満たしていこうとすると、インプットに対するアウトプットの比率の平均値は下がります。環境林を設けることによって、補助金の使い方を有効にし、それが生産林にもプラスになるという発想も重要です。このことは拡大造林で増やし過ぎた人工林の中で、搬出条件の悪い場所や、人工林の広がりが大きすぎるところへの適度な広葉樹の天然林や天然生林の配置を考えて、人工林を天然林化させていくという活動を効率よく進める上でも重要なことだと思います。

豊かな農山村の大事な要素は、美しい耕作地、美しい生活林、美しい経済林、美しい環境林であるといえると思います。これらによって構成された美しいランドスケープはそこに住んでいる人たちの英知と勤勉の表れであり、生きざまの表れた美しい景観だと思います。林業の振興はそれに寄与するものであるという、広い視点から考えていくことが大事だと思います。林業関係者は、そういう美しい国民的財産である景観を、後世に伝えていく仕事に知恵を出し、汗を流していると考えるだけで仕事に誇りが持てると思います。

地球温暖化防止と森林管理との関係

近年の林業政策を見ますと、温暖化防止策として森林の若返りを図るための皆伐が推奨されています。これは齢級配置の平準化を図る必要性と併せて考えられていることであり、それなりの意味はあると思います。ただここで注意をしなければならないことは、森林が大気中の二酸化炭素増大の防止として役割を果たしているのは、森林の炭素吸収と貯蔵機能の両方を通してであるということです。私たちはこの両方の機能を求めていくことが大事です。

一つの林分で炭素の吸収速度を最大にすることと、炭素の貯蔵量を最大にすることを同時に達成することはできません。これは大事な事実です。**用語解説6の図27**から分かるように、炭素の吸収速度は林分の発達段階（**用語解説5**）の若齢段階から成熟段階の初めのころにかけて高く、炭素の貯蔵量は老齢段階において最大になるのが普通です。したがって成熟段階までのところで回転させる生産林は吸収速度を高める点で温暖化防止に貢献し、老齢段階を目標林型とする環境林は炭素の貯蔵量を高める点でそれに貢献しているということになります。生産林で収穫された材は利用の場で炭素を貯蔵し続けますので、生産林の炭素貯蔵量の少なさは、材の利用の場で補っているともいえます。収穫材を長期に多く利用し続ければ、森林生態系と利用の場を合わせた炭素の貯蔵量は高まる場合もあるかもしれません。環境林における倒木や立枯木は腐朽していきますが、そのスピードは遅くてかなりの長期にわたって炭素を貯蔵し続けます。

図 12　各種生態系サービスの発揮へのバランスのとれた森林管理と地球温暖化防止の関係

炭素の吸収速度を高めること（木材生産）と、炭素の貯蔵量を高めること（その他のサービス）の、両方を通して最も経済的に地球温暖化防止を図ることができる。

生産林の中でも構造用材を生産目的とする森林では、長伐期にすれば、比較的高い吸収速度と比較的高い貯蔵量の両方を調和的に求めていくことができます。炭素の貯蔵として重要な場所は土壌です。短伐期の繰り返しは土壌の炭素貯蔵量を低下させますので、地球温暖化防止という観点からは好ましくありません。

森林との付き合いにおける生産と環境との関係は、このように地球環境問題に照らした炭素の吸収と貯蔵との関係からも見ていくことが大事です。大雑把ないい方ですが、**用語解説6の図27**を参考に木材生産、水源涵養、生物多様性などのそれぞれの機能（サービス）目的に沿った適切な森林管理を行っていくと、森林による炭素の吸収速度を高めることと、森林生態系の炭素の貯蔵量を高めることのバランスを良くとることができ、結果として地球温暖化防止のために好ましいことだといえます。したがって先に述べてきた、生産林と環境林のそれぞれの目的に従った適切な森林管理を行っていくことは、結果として地球温暖化防止のために効果があるということになります。

なお木材のバイオマスのエネルギー利用は、材の燃焼により二酸化炭素は排出されても、その二酸化炭素量は伐られた林分の再生林木によってそっくり吸収されますので、大気中の二酸化炭素は増えも減りもしません。そこが大気中の二酸化炭素を増やす一方の化石エネルギーとの違いで、バイオマスエネルギーの利用も地球温暖化防止に役立ちます。

質問5——

技術の根拠はどこにあるのか?

間伐の方法(定性、列状)や間伐率、材の出し方、道づくりの方法などいろいろな技術があって、その根拠を知りたいのですが、誰に聞いても納得のいく説明が得られません。仕様などでの指示はあるものの、それらの根拠が分かり、自分なりに納得できれば仕事への意欲も湧いてくると思います。技術の根拠を分かりやすく伝えられないものでしょうか。

(林業事業体　30代)

答え――

「3割間伐」の理由――「なぜそうなのか」が大事

林業技術者が技術者として、それにふさわしい仕事をしていくには、技術の根拠が何なのかを知ることがとても大事です。例えば間伐の仕方が「こうだ」と教えられても、「なぜそうなのか」の理由を知っておかないと、臨機応変の応用力が働きません。林業技術の大事なところは、その作業の目的、その林分（**用語解説1**）のここにいたるまでの経緯・履歴、その場の環境条件の特色、作業技術者のレベルなどに応じて臨機応変の応用力を働かせるところにあります。このことは経営者と現場の作業技術者が共有していなければなりません。自然を相手とした生産業である林業経営の生命線はそこにあるはずです。

また現場でなぜそれがそうなのかを考えながら作業をすることに林業の仕事の面白さがあり、そこに働き甲斐があるはずです。決められた通りのことを何も考えずに作業しているのであれば、それは単なる肉体労働であり、せっかくの林業の仕事の魅力を放棄しているも同然で、本当にもったいないと思います。あなたのおっしゃっている「その根拠が分かり、自分なりに納得できれば仕事への意欲も湧いてくる」とおっしゃっているのは非常に大事なことであり、林業の場は特にそういうことがいえると思います。

私がいろいろな林業の現場を訪ねた時に、多くのところで「本数間伐率30%の間伐をしています」と話をされます。それならどういう理由で間伐率を30%にしているのかと聞いても的確な答えは得られないことが多いです。多くの場合、間伐の補助金の指定要件に「本数間伐率が30%以上であること」と記されていることだけが理由のようです。その林分の混み具合によって必要な間伐率は違ってきますし、間伐計画の間伐の時間間隔によっても間伐率は違ってきます。そして同じ本数間伐率でも、どのような木を選木して伐ったのかの質問には、さらに納得できる答えが返ってこないことが多いです。林業経営としての間伐であれば選木の仕方こそがまず重要で、間伐率はそれに関連したものだという認識が必要です。このことについてはこのすぐ後で説明します。このように説明のできないことは普段から技術についてしっかりと考えていないことの現れだと思います。こういったことは、まともな林業の仕事だといえるのでしょうか。

あなたは林業事業体で働いておられますが、間伐方法の説明は経営のあり方の説明そのものであり、現場の技術に説明力がないのは経営者の責任でもあります。経営者は現場の技術に対して「なぜそうなのか」を常に問い、現場の技術力に支えられた経営に努めていくべきです。ただこれまでの事業体は、国有林、公有林、森林組合などの事業の委託を受けて、発注者の仕様通りに仕事をしていけばよかったということもあり、これに対してどう対応していくかは、後の方で改めて考えてみたいと思います。

「間伐」のなぜか—技術の根拠をどこまで考えているか

間伐は目的とする樹種の形質の良いものを多く生産するためという目的とともに、人工林に特有の生物多様性に乏しい単純な構造を、下層植生を豊かにするなどして、少しでも豊かな構造の森林、すなわち健全な森林にしていこうという作業です。そういう大きな目的に照らして、何をどのようになすべきかを常に考えていかなければなりません。

間伐方法にはいろいろなものが考えられ、ある程度類型化されています。それぞれの間伐方法は、どういう考えのもとにそうなったのかの理由を知ることが必要です。これは冒頭にも申しましたように「なぜか」を常に問う姿勢を持つことです。それによって応用力が働きます。ある間伐法を金科玉条に固定的に考えることは好ましくありません。

一定基準以上の利用価値の高い材を合理的に生産していこうとするならば、個々の木が伐採されるまでの生育期間を通して、個々の木にどのような樹冠量を与えていくかを考えることが大事です。材質は樹冠構造と幹の成長の関係の軌跡によって多くが決まります。すなわち年輪幅、年輪の走行、節の大きさと分布範囲などはそうです。間伐と密度管理は樹冠のコントロール技術です。枝打ち技術を加えるとさらに精緻な樹冠コントロールの総合技術が発揮できます。幹の通直性は材質の要因の中でも最も大事なものの一つです。したがって成長は良くても曲がりの大きい木を残しておくことは、その林分の林業的生産性を低下させるものであり、そのような木は早くから除去していかなければなりません。また通直性を得るためには樹冠の均整が取れていることが大事で、そういうことを配慮しながら選木を行っていくことが必要です。

林地における製材用の材の生産技術として重要なのは、自然の法則により林分当たりに与えられる限られた葉量を、いかに利用価値の高い個体に多く配分していくかにあります。その技術が間伐技術だと理解してください。間伐の本質は樹冠コントロール技術です。このことを理解しておけば、間伐における疑問の意味や、「なぜか」ということへの理解がしやすくなると思います（図13）。

図 13　間伐と枝打ちにより、理想的な樹冠管理のなされているスギとヒノキの 40 年生の人工林（愛媛県久万高原町、岡信一氏経営林）

樹冠の均整は取れ、樹冠長率は 50%余りでバランスがよく、幹の通直性は高く、理にかなった管理がなされている。下層植生も豊かである。

個々の木の成長に必要な生育空間、特に目標林型に達した時の主林木に必要な適切な生育空間が十分に与えられるように、残す木と伐る木を選木して間伐を実践していくことが本質的に重要です。この時に初めから間伐率が定められているのではなく、間伐率は選木の結果として出るものだということを理解しておくことが大事です。ただし間伐率を押さえておくことは、間伐強度と収穫量の目安として大事であることに違いはありません。材積間伐率にして30％以上、本数間伐率にして40％以上となればかなり強度な間伐であり、材積間伐率にして20%以下、本数間伐率にして30%以下となればかなり弱度な間伐だというような判断の材料になります。

疑問を発したり、疑問に対する説明をする時には、このような問題の本質を捉えなければなりません。これは難しいことかもしれませんが、勉強すればできることです。

なお、先に「林分当たりに収容できる限られた葉量を、利用価値の高い個体にいかに高く配分していくか」と書きましたが、生物多様性の視点や、樹種の利用価値に幅を持たせていく努力が必要なことも一方では大切で、それはそれでまた別に検討すべきことを申し添えておきます。

木材を安全かつ効率的に伐出しやすい路網の作設は経営を左右する大事なものです。そのための適切なルートの選定を地形、地質、水の出やすい場所などを見定めながら行わなければなりません。またそれらに応じて切土法面、盛土法面、水処理の工法などにさまざまな工夫が必要で、山地における道づくりは「なぜなのか」の問いかけに対する答え(判断)の連続です。道づくりにもその根拠の説明が不可欠です。

リーダーの説明力が大事

職場のリーダーには、技術の問いに答えられる資質のある人材が必要です。この人たちには一生懸命に勉強してもらわなければなりません。そのようなリーダーに恵まれなければ、個々の技術者が自ら勉強しなければなりません。否、優れたリーダーの有無にかかわらずそれぞれの技術者はできる限り勉強すべきです。そして職場で技術の向上について常に語り合うべきです。

間伐は施業体系の中心技術であり大事な収穫行為ですから、間伐を機能させるには路網が適切に配置されていることが必要です。機械を使って合理的に材を伐出し、運搬するための作業システムは重要です。目標林型の大事な要素は目標直径です。すなわち、生産目的とする最も太い径級の材はどれぐらいかを決めることが大事です。それによって間伐シリーズの組み立て方も違ってきますし、機械の種類や道の大きさも違ってきます。現場技術のリーダーは作業システムと関連させて個々の技術を見ていかなければなりません。それは常に「なぜなのか」を自ら考え、それを分かりやすく人に伝えていかなければならないということです。

都会から林業の仕事に憧れて森林組合や林業会社に入ったけれども、あなたと同じように、「技術の根拠を聞いても誰も説明してくれない。そもそも何のためにやっているのかすら分からない」と失望して辞めていく人を私は多く知っています。せっかくの人材を生かせていない林業界はもっと危機感を持つべきだと思います。優れた人材ほど辞めていくということが問題です。職員が研修会に出席したいという希望を抑えるような職場であってはなりません。研修会で学んできたことを生かせる空気の職場でなければなりません。「何のためにやっているのか」、「なぜそうなのか」を語り合える職場、その仕事の意義を感じ、自分の力を高めていける職場、林業はそういう職場であり得る条件に本来は満ち溢れているはずです。

発注者と受注者の関係

国有林、県有林、森林組合などが間伐などの事業を発注し、業者や森林組合などがそれを受注するときに、仕様書が渡され、それに沿った作業がなされるのが普通です。ここで問題になるのは、発注者も受注者も仕様書にある施業の方法やその数値に忠実だということです。もちろん仕様書にしたがって作業を進めることは必要ですが、仕様書通りにやってさえいれば責任は問われない、ということだけを考えているとしたら、そこに問題があります。こういうことに馴染んでしまっていると「なぜそうなのか」とか、「何のためにやっているのか」を考えることが失われていきます。

ではどうすればよいのでしょうか。まず発注者はその森をどういう森にしていこうとしているのかの大きな方針と、それに向けての大筋の将来の管理・施業体系を示すべきです。そしてそれに対する受注者の創意工夫が働かせられるように、仕様書に柔軟性を持たせる工夫が必要だと思います。そのためには与えられた環境条件下における受注者の技術力、創意工夫を評価できる発注者の力が問われることになります。発注者は大いに勉強する必要があります。そうすれば受注者側の技術向上への意欲は湧き、それは森林・林業の振興の大きなカギになると思います。なお事業の発注に際して、受注者との間のコミュニケーションをよく取ることに努めておられる県などの発注者の存在も私はよく知っております。そういう事例が増えることを望んでおります。

技術の教育と訓練機関の必要性

あなたのご質問にある「誰に聞いても納得できる説明が得られない」というのは不幸なことですが、この問題の根本には林業関係の学校でも作業技術の実践教育がほとんどなされていないこと、また現場技術者の職業訓練学校もないことがあると思います。公的にさまざまな研修の機会が設けられており、それはよいことですが、学校教育の中で本格的に教育するというシステムができていません。そういう状況の中で現場の作業技術を理論的に、実践的に教えられる教員がほとんどいない状態です。ヨーロッパの林業国に比べると、日本では作業技術の理論と実践を教えられる指導者の育成がなされていないといってもよいと思います。日本では教育は座学で知識を与えることに偏り、現場での実践教育は大変乏しい状態です。これが非常に大きな問題です。

私はかつて国立の研究機関で森林・林業の研究に励んできました。しかし私が常に悩んできたのは、いったい誰のために研究をしているのだろうかということです。もちろん国民のため、森林・林業に関わっている人たちのためです。しかし研究成果を技術に応用し、技術理論の説明に生かしてくれる技術の指導者がいなければ、それを実らせることは難しいことを痛感してきました。研究成果を行政が生かすことはできます。しかし行政がいくら良い施策を展開しようとしても、それを実践する現場技術者がいなければどうにもなりません。

例えば、私などは複相林施業（**用語解説4**）の研究をやってきました。行政は複相林施業の推進を掲げ、将来複相林施業を広めていこうとしています。しかしそれを誰が実践できるのでしょうか。あるレベル以上の技術者層がなければ、より良い技術の普及は難しいですし、必ず「それを誰がやるのか」の問題に突き当たってしまいむなしくなります。

基本的な知識と作業の基本を学び、「なぜなのか」を考えられる人を養わなければなりません。学校では、どこでも誰でもが身に着けておかなければならないことを教え、「なぜなのか」を考えられる人を養えば、仕事に就いてからは、それぞれの条件に合わせた技術を自ら現場で研鑽し、技術は向上し、日本の森林・林業のレベルは高まるでしょう。そうなればそこで働いている人たちが誇りを持って働けるようになるでしょう。これは非常に大事なことだと思います。

ドイツ、オーストリア、スイスなどヨーロッパの多くの国では、現場技術者から地域の森林・林業の指導者であるフォレスターにいたるまでの公的な教育システムができています。これを参考にしながら日本でも教育システムを真剣に考える必要があります。これは林業だけでなく、大工職人などほかの分野の職人的な仕事全体に関係することであり、国として考えていかなければならないことです。地方自治体でできることは、まずそこでやっていくことも大事です。日本は教育を重視し、それは日本の発展に寄与してきましたが、現場の作業技術者の教育は軽視されてきました。それは「習うより慣れろ」式のものであり、理論的根拠を分かりやすく説明する教育法を伴わないものでした。あなたのご質問も結局はそこの問題に結びつくものと思います。そういうことを痛感して、民間で伐倒技術などの指導法の向上と普及に取り組んでいる人たちがおられます。例えば林業トレーナーズ協会の水野雅夫氏などで、このような人たちの努力は尊いものです。

「なぜそうなのか」を問い続ける姿勢ー優れた先達に学ぶ

教育システムの課題は将来に委ねなければならないとしても、優れた技術者を見つけてその方たちに学ぶ努力は必要です。例えば大阪府の自伐林家の大橋慶三郎氏は、常に「なぜなのだろう」と自ら問いかけ、素晴らしい道づくりを実践してこられましたが、それについて話されるときには、「なぜそうなのか」を分かりやすく説明されます。大橋氏は道づくりだけでなく、森づくりにも、経営にも、すべてにわたって「なぜそれがそうなのか」を分かりやすく話されます。その教えを受けた中にも素晴らしい方々が多くおられます。それらの方々は教えを受けて実践する中で、さらに「なぜそうなのか」を常に考え続けておられる方々です（**図14**）。

最近まで京都府日吉町森林組合の参事をやっておられた湯浅勲氏は、現場の個別技術から作業システム、経営において「なぜそうなのか」を常に問い、作業技術の向上、経営の改善に努めておられます。その過程で失敗があると「なぜそうなったのか」を厳しく問い、道づくりであれば大橋慶三郎氏のような優れた方のところに行って謙虚に学んでこられました。そういう姿勢の方の話されることは大変分かりやすいものです。日吉町森林組合に学びに行って成長している森林組合も増えてきています。それらの森林組合は現場の技術者を大事に扱い、現場の技術者は個別技術の向上と作業者同士の連携に対する高い意識を持っています。

公的に、あるいは私的にも、各種の研修会が各地でよく行われています。そのような所に参加した時に、前述したような優れた方が講師としてみえていることがあります。そういう方に巡り合えれば、さらにその方に学ぶ機会を自ら求めるべきで、それをサポートすることが職場の経営者に望まれます。またそういう優れた方の著書があれば、それを熱心に読むべきだと思います。林業界の人たちで技術書を読んでいる人たちが少ないことを残念に思っています。それは林業界に「なぜなのか」という問いかけが乏しいことと関係していると思います。森づくり、道づくり、経営法などに関する本には是非読んでいただきたいものが多くあります。本を読むことは誰もが、いつでも、どこでもできることです。まずできるところから取り組んでいくことが大事だと思います。

図 14　大橋慶三郎氏の山林

自然と向き合い、山の法則に則った山づくりが実践されている。特に道づくりの技術は、多くの林業技術者の範となっている。

質問6——

安く使える労働力という発想には反対

都会に住む一般の人からの意見として、森林作業を「森林ボランティアに任せては？」と安上がりの労働力として期待する声があります。ましてや「外国人労働者を導入しては？」という考えなどに私は反対です。そうした発想の背景には、「安く使える労働力」ということしか頭になく、山で働く真面目な人たちを侮辱するものです。ただでさえ安い林業現場の労賃をもっと引き下げようとする動きにも繫がるものではないでしょうか。

（林業現場技術者　20代）

答え――

「安ければよい」だけの病根

「安く使える労働力という発想」に対してのあなたの憤りに私も同感です。この「安く使える」という発想は単に林業現場に向けてだけの問題ではなく、近代社会全体が陥っている大きな問題です。現在の社会は、自由な市場経済の競争原理の下に、より安くより大量にという力が強く働いています。

それによってＧＤＰという数値は高まり、物質的な豊かさは得てきましたが、貨幣の数値では表せない環境要素は犠牲になり、何よりも大事な人格とか人々の繋がりなどは希薄になり、都市部の多くの人たちは疲れ果てて孤独に陥っています。その一方で、農山村では過疎化の厳しい環境の中で高齢者が耐え忍んでいます。ＧＤＰや生産性の増大を至上価値とする経済の推進は、自然制約から生産性、合理性に制約のある一次産業を犠牲にしてきました。日本が経済成長を遂げれば遂げるほど金は都会と海外へと流れ、またそれとともに人も都会へと流れて一次産業が衰退し、農山村は過疎化してきました。そのような状態は日本社会の持続性の基盤を失っていくものです。

そのようなグローバルで都市中心の経済原理の強い社会の中で、自然制約のある林業という仕事をどのようにしていくかは、その地域社会のあり方とともに考えていかなければなりません。そのためには林業関係者同士が共同的に働き、地域の関連産業とのつながりを強め、その地域の中でできるだけ金が動き、再投資力が高まっていく地域社会を構築していくことが不可欠です。そのような基盤をつくらなければ、都市中心の「安ければよい」という経済理論の前に、農山村は太刀打ちできません。

そういう考えに立つときに、都市中心の市場経済の影響を強く受けた「安く使える労働力」という発想は絶対に受け入れることはできません。前述した共同や協業の働く社会は、お互いに顔が見え、絆があり、人格を認め合う自治力の強い地域社会を築くことに連なるものだと思います。地域の自治力を高めることは非常に重要なことです。

外国人でも、個人的にその地域に入り込んで、その仕事を生涯の仕事として取り組もうとするような人を排除するものではありませんし、そういうことはあってならないと思います。またボランティアに頼るというのではなく、自発的なボランティアを受け入れて、ボランティアにもお願いできる部分をやってもらい、それによって都市住民と農山村住民の相互理解を高めていくというものは大いにあってよいと思います。

現場の仕事は肉体労働ではない―自然との対話、作業者の知識と経験、判断

「自然制約の中での仕事」にこそ、一人一人が生きがいを感じられる大事なものがあるはずです。自然の摂理の中で、生態系サービス（**用語解説3**）をいかに持続的で有効にわれわれの生活の中に生かしていけるか、を考えて仕事ができるところにこそ、その地域や国の文化の根源があるように思います。そしてそこには社会の安全保障の根源があるように思います。

林業の現場の仕事は、一人一人の創造力を高めていける場です。例えば林業の現場作業では、どのような機械を使っていようとも、その操作はそこの自然との対話による一人一人の作業者の判断に委ねられており、作業者の知識と経験が常に求められます。林業現場の作業者は、本来高度な技術者であるはずです。

一般的な道づくりなどの土木工事は、設計者が計算してつくった設計図に従って工事していけばよいものです。工場の中でつくる製品は、工場という生産設備ができれば、その

中でマニュアルに沿って作業していけばよい部分が大きいものです。一般の人たちはそういうものが進んだものであると思っているようですが、複雑な自然条件の林地で、一つの法則性では律しきれないことに対し、一つ一つ対応している森林作業を遅れたものだと思っているのはとんでもないことです。

森林作業を「森林ボランティアに任せては？」とか「外国人労働者を導入しては？」という発想は、林業の現場作業は高度な技術を要するものであり、それが森林資源を持続的に生かしていくために、また持続可能な社会を支えていくためにいかに大事なものであるかを全く理解していない暴論です。そういう暴論がまかり通っていることに私たちは対峙していかなければなりません。

さらに恐ろしいのは、そういう考えを持った人が林業界の中にもいることです。そこには林業のポリシーもビジョンも何もありません。場当たり的、刹那的でむなしくなります。今の社会が、「経済の回復」を叫ぶばかりで、「経済を回復させて、どういう社会をつくっていこうとするのか」という最も大事なことを描けないでいるのと軌を一にしています。長い時間を要する林業において、持続的な林業のあるべき姿を示すことは、これからの社会のあり方に大事なメッセージを送れる貴重なものだと思います。

小規模・自治的な経済システムも

日本は食料も木材もエネルギーも輸入に頼っています。都市生活が成り立っているのは輸入に頼っているからといってもよい状態です。日本の農山村もこの50年ぐらいの間は、エネルギーを石油などの輸入資源や原子力に依存し、農山村で稼いだ金は都市部や外国に流れる一方でした。しかし例えば、農山村は農山村ならではの自然エネルギーを自給し、その余剰を都市部に販売していくというように、金の流れを変えていくことが重要です。このように日本の豊かな自然を生かしていくことは日本経済のバックアップ装置として絶対不可欠なことです。木材についていいますと、無垢材、集成材などの生産を軸として、その製材過程で出てくる廃材をパルプ・チップ材やエネルギー材として活用していくカスケード型の木材の利用システムを地域ごとに築いていくことが必要です。地域の循環型社会、地域内でできるだけ金が回る社会を構築していくことは、グローバル資本主義の欠陥に対応するために非常に重要なことです。

このことをさらに突き詰めていきますと、居住地近くに森林を所有している農業者や、農家林家と呼ばれる人たちは、かつて里山の薪炭林であったところを再び薪炭林として活用していくことが望まれます。それぞれの家庭、あるいはその付近の職場が普段の生活に裏山から伐ってきた薪を使用することは最も経済的であり、環境にも優れています。

ここで述べた経済的というのは、GDPにあまり反映されるものではありませんが、自家労働によって得られる利点を述べたものです。自給のために伐ってきたものであっても、余剰品を生み出す余力があれば、それを市場に出して収入の一助にすることもできます。ただ、そのように少量のものがバラバラに出てきても商品の流通に乗りませんから、農家林家などが共同でまとめていくシステムが必要です。それを森林組合やNPOなど、そしてもちろん行政が支援していくことが大事です。市場経済の論理だけではない自治的なシステムの構築が必要です。それがどうして大事かという理由の一つは、過疎が進み自給的・自治的力が衰えると、ますます都市部の力に押されてしまうからです。例えば地域外に大きなバイオマス発電所ができると、その力に押されて地域の持続的な森林管理に沿わない大面積皆伐が行われるなどが挙げられます。

さて、こうした考えを理解すれば、森林作業に対して「外国の安い労働者を導入しては?」という考えは、利那的な経済至上主義の浅はかさとしかいいようがありません。また「森林ボランティアに任せては?」というのも的外れなことであります。

林業の浮沈を握るのは現場の力

地域内で物資、エネルギーが動き、地域内での再投資力が高まるシステムを構築していくことが重要です。林業においては、生産目的に沿った材を合理的に育成する技術、それを合理的に伐出・搬送する技術が現場では必要です。自然の力を生かして目的に沿った素材の生産をしていくためには高度な技術が必要で、優れた技術者が必要です。そういう技術者が日本の社会の基盤の一角を占めれば、日本の社会は大きく変わると思います。

経済林（**用語解説8**）を経営していくうえで大事なことは、単位面積当たりの限られた生物的生産力、すなわち単位面積当たりに収容できる限られた葉（生産器官）の量を、いかに形質が良く利用価値の高い木に適切に配分していくかを、施業体系全体の中で、特に間伐の選木を通して考え実践していくことです。太陽と水と二酸化炭素という無料の原料とエネルギーによって育つ森に、どのように合理的な人為を加えれば、持続的に価値の高い材が生産されていくか、そして生物多様性と土壌の保全にも反しない構造の森林にしていくかは、そこに働く人たちの知恵によって決まるものです。

また主伐・間伐を通して、いかに材を合理的に伐出するかということも現場で働く人たちの知恵によって決まるものです。そのために必要な機械は学者やメーカーだけで決してつくれるものではありません。それは現場で働いている人たちの要求や発想を踏まえたものであり、その改良は常に現場技術者の声が反映されたものでなければなりません。このように見てくると、林業の浮沈の鍵を握るのは林業の現場技術者といっても過言ではありません。日本の陸上の最大の資源である森林の力を生かせるか否かは、林業の現場技術者の力にかかっているといえます（図15）。

賃金・給料を圧迫し続ければ、日本の森林は劣化する

しかしその前には大きな壁があります。先に「形質の良い利用価値の高い材」の生産に向けた技術の重要性を述べました。しかし近年は良質材の評価は下がり、B材やC材でよいという傾向が出ています。それでよいではないかというのは、集成材や合板などの加工技術によって木材の欠点を解決し、機能を高めていけるという考えに連なっているようです。私は集成材などの加工材は木材の用途を広めるなど、大変素晴らしいことであり、それは高く評価しています。しかしそれによって無垢の良質材の価値を認めなくなることに

図 15　広島県廿日市市の安田林業の従業員の方々（2010 年４月）

右から後藤智博氏、中島彩氏、藤森、安田孝社長、安田社長の息子さんの安田翔太氏。後藤氏と中島氏はＩターン者で、それぞれ１年目は社長に基本を厳しく教えられ、２年目以降は若い者同士が班を組んで、失敗をしても、それがなぜなのかを自ら考えさせ、考えの及ばないところを社長が指導している。なお息子の翔太氏は大学の森林科学で就学中（2012 年に大学卒業。それから１年間は他県の林業事業体で仕事に就き、2013 年４月からは安田林業に就職）。他にも若い従業員が意欲的に働いている。

極めて大きな危惧を抱いております。現場で真摯に森づくりに励んでいる技術者ほど、より良いものをつくりたいという気持ちが働くものです。その気持ちは生産以外の他機能との調和にも優れた持続的な森づくりへの気持ちと同調するものです。ですから形質に優れた良い材をそれに応じた適切な価格で取引するという、価格形成の秩序をつくる必要があります。

加工技術ですべてを解決するというのは二次産業側の発想で、加工技術の向上で木材の需要量は増えても、安い材の大量供給を迫られて、山の現場で働く人たちの賃金・給料を下げようという力が一層増していきます。そうすると林業作業者の質は落ち、森林の質もどんどん落ちていきます。そして「ボランティアに任せては？」とか、「安い外国人労働者を入れては？」という話になります。

なお繰り返し述べますが、私は集成材などの加工材を高く評価しています。ただ、そのために無垢の良質材の評価を下げていくことを問題にしているのです。また集成材や合板にしても良質な素材はそれの使い場所があり、良質な材を評価して使っていくべきです。自立的な地域社会の構築のためには地域の工務店が、地域の材を使い、その特色を生かした大工さんが安心して働ける社会を守っていくことが大事だと思っています。そうすれば山側で働く人たちも良質材を含めたいろいろな材を生産して、全体を込みにして経営を成り立たせていくことができると思います。

適正な木材価格の話は決して林業の現場にとって都合のよい話をつくっているのではありません。木材の買い手側が木材を安く買いたたき、林業労働者の賃金・給料を圧迫し続ければ、日本の森林は劣化し続け、海外からの木材輸入が思うようにならなくなった時には、日本の木材産業は必ず窮地に陥るでしょう。木材産業が窮地に陥ると木質バイオマスエネルギーの供給なども含めた資源の循環利用のシステムも絶たれることになります。そして偏った市場経済に飲み込まれて林業の現場技術者の質を無視した時には、日本の森林は限りなく劣化し続け、日本の森林生態系サービスの能力は落ち続けるでしょう。これは日本の自然資源の能力を低下させ、雇用の場を縮小し、国土保全にも反することです。すなわち日本の国力、豊かさの潜在力を失うということです。これを防ぐには、関連業界が叩き合うのではなく、より大きなビジョンに向けて協業していく精神が必要です。

無垢の良質材の評価をどのように確保するかは、木の文化の再興にかかっています。地域の振興とも合わせて、地域材を多く使った木造の一戸建て住宅をあるレベルまでは回復させ、その中の表しの場所に無垢の木材の良さを発揮できる設計を進めていくことが大事です。また地域の歴史や景観を生かした観光の振興を図り、地域の人たちの心のよりどころとなる神社仏閣の改修に努めて、そこで大径の良質木材を使用していくことも大事です。これには住民の意思と行政の力が必要です。

これからの成熟社会にはこのような視点が重要だと思います。生物材料の良さをそのまま出していく文化を大事にすることは重要なことだと思います。もちろん集成材を使ったプレカット方式の住宅を選ぶ人は多いでしょうし、それはそれでよいと思います。都市部のビルや地域でも公共の大型建物などは、新たに開発されている集成材によって建設可能になってきています。これらの建物は鉄やコンクリートによる建物よりもいろいろな点で優れているようであり、大変よいことだと思います。

いろいろな話に及びましたが、私がいわんとしたことは、その場の経済性の追求にばかり走り、極力給料や賃金を下げようとする社会、関連する相手をたたく社会、人を大事にしない社会は決して豊かでも幸せでもないし、経済的にも成り立っていかなくなるだろうということです。自然から隔離された社会ほどそうなっていきます。そうあってはいけないことを林業関係者は心の底からいえるようにしていかなければなりません。

質問7――

きれいな森、いい山の条件とは？

ある自治体から受注した森林整備（人工林）で、広葉樹の幼齢木もきれいさっぱりと伐るように指示され、それはそれできれいな森に見えます。けれど、広葉樹も混じった森になれば生命力のある森になるように感じます。

また、不成績造林地とされる森でもいろいろな雑木が育ち、ある意味たくましい生命力を感じる時があります。きれいな森とはいえませんが、ある意味いい山ではないかと思います。いい森は、生命力のある森ではないかと自分は考えていますが、そもそも「いい森」とはどんな状態をいうのでしょうか。

（林業事業体　30代）

答え——
言葉の整理

あなたのご質問には「きれいな森」、「いい山」、「いい森」、「生命力のある森」という言葉が出てきます。ご質問にお答えするためにはまず、あなたが描いておられるこれらの言葉の意味が何なのかを整理しておく必要があります。この中で「いい山」と「いい森」は同じだとみなせます。一般的に「森」のことを「山」ともいっていますし、あなたも特に「森」と「山」を区別しておられないようですので、ここでは「森」で統一させていただきます。

まず、あなたの文面から整理しますと、

「広葉樹の混ざった森」は「生命力のある森」

「広葉樹を除いた森」は「きれいな森」

として、

「いい森」は「きれいな森」なのか「生命力のある森」なのかというご質問になっています。

そもそも「きれいな森」とはどういうものなのでしょうか。それはその森に対して第一に求めている森林生態系の機能（サービス）の違いによって異なりますし、見る人の立場によっても異なります。文面のシチュエーションでは、発注者の自治体は生産目的の植栽木がよく育つことを望んで広葉樹を伐ることを求め、広葉樹のないすっきりした森を「きれいな森」と受け取るのだと思います。作業をされたあなたも「それはそれできれいな森に見える」としながらも、それが「よい森なのかどうなのか」に疑問を感じておられます。その森を眺める第三者の中には、広葉樹を除去した森を「すっきりとしていてきれい」と感じる人もあれば、広葉樹の混ざっている森を「豊かできれい」と感じる人もあるでしょう。このように「きれいな森」というのはその人の立場や、知識や、好みによって異なるものなので、「きれいな森」は定義しにくいものです。

次に「いい森」ですが、「いい森」はその森に求められている第一の機能（サービス）の発揮に照らして、その目標林型に沿っているか否かによって決まってきます。「きれいな森」のように人々の好みによって決まるという要素は少なく、なぜ「いい森」なのかを説明できる要素が多くあります。そのために「いい森」は「きれいな森」よりも、より具体的に判断することができるといえます。

「生命力のある森」はある程度科学的に説明できますので、前二者に比べてより具体的だと思います。なお、あなたのご質問のタイトル「きれいな森、いい山の条件とは?」のお答えの結論を先に申しますと、「生命力のある森」であることは、「きれいな森」や「いい森」の大事な条件になるということです。そこで「生命力のある森」の話から入っていきます。

生命力のある森

「生命力のある森」の一般的なイメージを並べてみましょう。まず「災害に強くて、災害を受けても再生力の高い森」が浮かびます。また「成長の旺盛な森」も浮かび上がります。20~30年前まではこういうイメージで話は収まっていただろうと思います。しかし近年は「森林生態系の活力」という視点で捉えることが不可欠になっています。すなわち「生命力のある森」は「森林生態系の多様なサービスのポテンシャルの高い森」に沿っているか否かによって見ていくことが必要だということです。森林生態系の多様なサービスの基盤は「生物多様性」にあることが分かってきています。なぜそうなのかを考えてみましょう。

森林生態系は、樹木のみによって形成されているものでないことはいうまでもありません。鳥や昆虫や土壌生物などさまざまな生物が共生して成り立っているものです。その生態系の機能のさまざまなプロセスから私たちは生態系サービス(用語解説3)の恩恵を受けているのです。

その多様な森林生態系のサービスの中で、あなたがここで述べておられる森林は木材生産を第一の目的とする森林であり、その機能を高度に発揮するための作業に関わっておられるわけです。では木材生産を高度に発揮するということはどういうことでしょうか。それは生産目的とする樹種が多く生産できるようにしていくことです。そのために一般的には下刈りやつる切りなどをし、さらに侵入してきた広葉樹を除去します。

ここで問題なのは、あなたの文面にあります「広葉樹の幼齢木もきれいさっぱりと伐るように指示され」というところです。この内容を補強すれば、「大きく育っている植栽木の下層に生えてきている幼齢木まで伐るように指示され」ということだと思われます。それに対してあなたは疑問を抱いておられるわけで、それは当然の疑問だと思います。下層の広葉樹は植栽木の成長に何の悪影響も与えないのに伐ることに対しての疑問だと思います。それだけではなく、あなたは下層の広葉樹が何かプラスの役割を果たしているのではないかと考えておられ、漠然としながらも生物多様性の必要性を感じておられるのだろうと思います。これも正しい考えです。

生物多様性は生態系評価の根源

それでは広葉樹の混ざっている森がなぜ「生命力のある森」なのかを考えていきましょう。広葉樹が増えれば昆虫の量は増えます。虫の餌が増えるからです。虫が増えればそれを餌とする小鳥が増えます。広葉樹の実は小鳥や哺乳類の餌となり、それだけ動物も増えます。すなわち広葉樹が増えれば生物多様性は飛躍的に増え、生態系が豊かになります。広葉樹が増えれば、落葉の質が豊かになり、土壌生物の餌の質が良くなって、土壌生物の種類や量がそれだけ増えます。また昆虫や鳥や哺乳類などが増えれば、その糞が土壌にたくさん供給されますし、それら動物の死骸もたくさん供給されます。落葉と糞と死骸の混じった土壌は土壌生物を豊かにし、それら有機物が微生物によって分解され、窒素、リン、カリなどの養分が豊かに供給されます。生物多様性が高いと生態系の力で土壌の養分は高まるということです（図16）。

豊かな有機物が供給される土壌には、多種多様な土壌生物がたくさん生息できます。するとミミズのような大きな動物からトビムシやセンチュウのような小さな動物まで、さまざまなサイズの動物が土壌の中を移動し、さまざまなサイズのトンネル（土壌孔隙）ができ

図 16　森林生態系の模式図（藤森隆郎、森林生態学、全林協、2006 年）

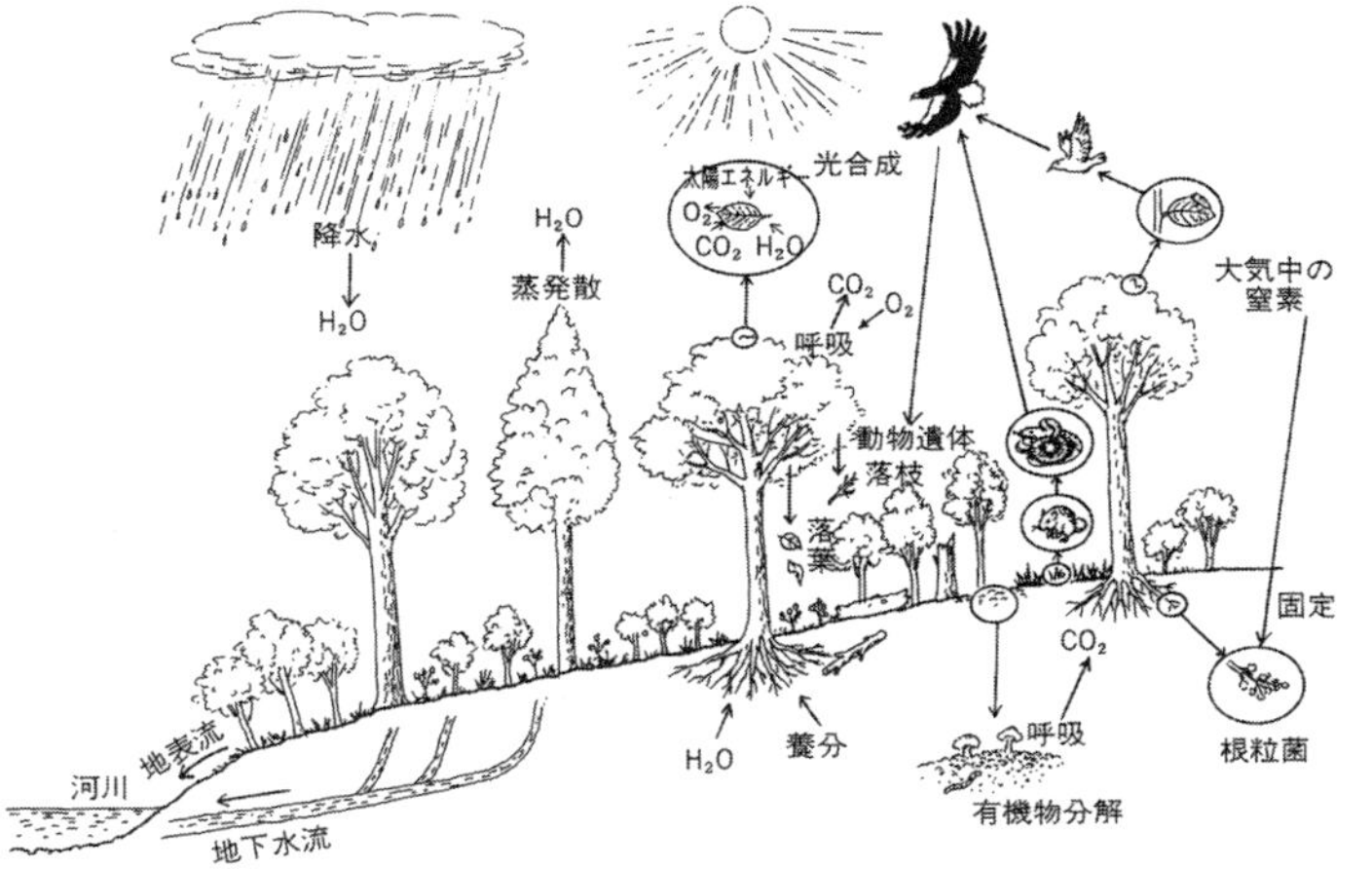

ます。またそれら動物がさまざまなサイズの糞を排出し、それらの団粒が孔隙をつくります。そのようなさまざまなサイズの土壌孔隙は土壌の保水機能や透水機能を高めます。保水機能と透水機能が高まるということは、その林地の生産機能と水源涵養機能が高まるということです。保水機能が高くても透水機能が乏しいと酸素の供給が悪くて樹木の成長は低くなります。透水機能が高くても保水機能が低いと河川への水流出の平準化が落ち、水源涵養機能はその分低くなります。このように土壌生物の力によって土壌構造が発達することは、土壌に適度な保水力と透水力をもたらして、森林生態系の生産機能にも水源涵養機能にもプ

ラスの働きを高めます。

ここまで述べてくると、あなたの求めておられる広葉樹を残しておくことの重要性が十分にお分かりいただけると思います。「生命力のある森」とは「生物多様性の高い森」だといえます。生物多様性の高い森林は「森林生態系の多様なサービス」の基盤となる条件を備えていることになります。このことをより理解するために**用語解説3**を読んでいただきたいと思います。

木材生産と生物多様性の関係

先に「生命力のある森」のイメージとして「災害に対して強く、災害を受けても再生力の高い森」をあげました。その地域の自然の植生状態にある森林は、病虫獣害に対する被害を緩和する生態的なチェック機能があります。スギやヒノキなどの単純な構造の森は気象災害に遭うと一律に被害を受けやすく、結果として被害が大きくなりやすいものです。紙面の都合上説明はできませんが、生物多様性の高い構造の豊かな森の方が、災害を受けても再生力が高いのが普通です。

また「生命力の高い森」のイメージとして「成長の旺盛な森」を述べました。これについては誤解のあることを指摘しておかなければなりません。林業的に見て「成長の旺盛な森」とは、一年当たりの材積成長量の大きな森です。そのような森は若くて閉鎖の度合いの強い森に多いのが普通です。20年生ぐらいから50年生余りぐらいの間に林分の成長量のピークが見られるようですが、そのような森林は林冠閉鎖の度合いが強く、下層植生が目立って乏しい傾向にあります。そのように、木材の生産量の高い森林は生物多様性が低くなる傾向のあることを事実として受け止めなければなりません。**用語解説6の図27**を見てもらうとそれがよく分かります。

このことを踏まえて、間伐の話に移りましょう。間伐は林分の目的樹種の生物的生産量を低めに抑える作業です。間伐によって林分の生物的生産量は低くなりますが、伐倒材を収穫することによって林業的生産量を確保しますので、林業的には損をするどころか、定期的な収穫（収入）を高め、主間伐収穫の合計を増やす効果の得られるものです。

間伐によって林分の生産量は減りますが、残された個々の木は多くの生育空間を与えられて、個々の木の生産量は増し、価値生産も増します。個々の木への生育空間が増すということは、その空間を通って光が林内に多く入り、広葉樹の低木を含む下層植生が豊かになります。それによって人工林の、特に若齢段階の人工林の生物多様性の乏しさを改善することができ、「生命力の高い森」からの乖離を小さくできます。

間伐の意義をこういう視点で見ていくことが大事です。逆にいいますと、間伐のなされていない強く閉鎖された人工林は、林分生産量は高いけれども、生物多様性は低く、気象災害に弱いなど「生命力の高い森」の逆だということになります。

そういうことから、せっかく間伐をしていながら、同時に低木の広葉樹を伐っていることへのあなたの疑問は、まさに当を得ていることになります。間伐をして広葉樹などの植生を豊かにしていくことは、「活力のある森」に近づけていくことであり、それは生産の持続性を高め、維持していくことであり、同時に他機能との調和を高めていくことになります。そのような目的に沿った林型の森は「きれいな森」だといっていいと思いますし、「いい森」だといってよいでしょう。

残念ながら自治体などでの間伐の事業を発注している例を見ますと、多くがあなたの指摘しておられる通りの内容です。あなた以外の多くの受注者からも同じ悩みを伺っております。「受注者から発注者へ、よりよい施業の提案はできないものか」と悩んでおられる方々も多くおられます。私は自治体などの発注者の方々に是非この本を読んで理解していただきたいと思っております。また受注の立場の方々も、何らかの機会を捉えてここに書きましたことを発注者側に伝えていただきたいと願っております。

針広混交林の評価は高い

ご質問の内容に沿って、「下層の広葉樹を伐ること」に絡んだ話をしてきましたが、木材生産を目的とする森の中で、「生命力の高い森」、「きれいな森」、「いい森」をさらに積極的に考えていきますと、針葉樹ばかりの人工林ではなく、高木性の広葉樹も混ざった針広混交林を目指して、そのような森を維持回転させていくことを積極的に考えていくことが大事だと思います。「生命力の高い森」に近づけながら木材の生産を図っていくことは、生産量は多少落ちても、持続的な生産力の維持が図られ、災害に対して強く、低コストで収益性も高められると思います。混交林は樹種ごとのその時々の評価によって伐ることもでき、これは経営にとって有利なことです。

日本の亜高山帯、亜寒帯を除くと自然の森林の構成主体は広葉樹です。広葉樹の中にモミ、スギ、ヒノキ、カラマツ、エゾマツなどの針葉樹が群状あるいは単木状に混交しているのが自然の普通の姿です。したがってそのような自然にできるだけ近づけた施業法を取っていくのが長い目で見ると最も安全であり、手間がかからず、合理的なのではないかと考えられます。そのような森は「生命力の高い森」であり、恐らくそれは「きれいな森」に連なり、「生命力が高く、きれいな森」は「いい森」といえるのではないかと思います。

「きれいな森」は人々によって感じ方が異なることを先に述べましたが、針広混交林は針葉樹と広葉樹のコントラストが美しさを発揮して「きれいな森」と感じられやすいのではないかと思います。針葉樹の鋭角、広葉樹の丸み、針葉樹の色の濃さ、落葉広葉樹の色の明るさ、広葉樹の花と紅葉、針広混交林はこれらのコントラストにおいて美しく感じられ、「きれいな森」として評価しやすく、その分「いい森」の条件を高めていると思います。

広葉樹は利用価値が低いものでも、生物多様性を高め、土壌の発達に貢献し、災害に対する安全性を高めるなど、森林生態系の機能とサービスを高めますが、広葉樹の利用価値を高めれば、林業的には非常に有利になります。このことは「質問10　低質材と切り捨てていいのだろうか?」のところで触れています。少なくともケヤキなどの有用広葉樹が生えてくれれば、それは大事に扱いたいものです。

針広混交林の施業は好ましいと思われてはいながらも、そのような好例はあまり見られません。しかし「質問1　造林のことはどうなっているのか？」で紹介しました秋田県の佐藤清太郎氏の森や徳島県の橋本光治氏の森における例のほかにも、長野県大町市の荒山家所有の荒山林業では、90年以上前に落葉広葉樹林を伐ってカラマツを植えた人工林を、その後針広混交林に導いていています（図17）。カラマツを間伐収穫しながら、その後に再生してきた広葉樹を大事にして針広混交林施業が行われているのです。この森も佐藤清太郎氏や橋本光治氏の森の印象と同じく、生命力を感じさせられます。この森ではカラマツが少なくなってくれば、広葉樹の中にスギを植えていけばよいのではないかと思われます。そうすれば針広混交林が持続的に回転されていくでしょう。

答えの最後の方は、あなたのご質問の範囲を超えたところにまで及んだように思われます。しかしあなたのご質問は非常に大事なところに連なるものであり、あえてそこまで言及させていただきました。

図 17　カラマツと落葉広葉樹の針広混交林
（長野県大町の荒山家所有林）

カラマツの植栽地に天然更新してきた広葉樹を生かし、カラマツを間伐して誘導してきた針広混交林。カラマツは 94 年生で広葉樹はそれよりいくらか若い。広葉樹はブナ、ミズナラ、ミズメ、ホオノキなどの有用樹が多い。針広合わせて年間材積成長量は ha 当たり 15㎥に達する林分もある。

質問8――

伐採跡地、裸地は放置しておいても森に戻るのか？

私の地域ではかなり広い面積での伐採（皆伐）があり、その跡地はそのままになっています。日本は土壌が豊かで雨がよく降るので、放っておいても森に戻ると聞きますが本当でしょうか。もしそうなら造林は必要ないということになってしまいますが、私たち地域関係者としては造林の仕事がなくなっても困るというのが正直なところです。やはり跡地はきちんと造林した方がいいのでしょうか。

（森林組合　20代）

答え――

皆伐後放置の問題点

「日本では森を伐採すると、放っておいても森に戻る」というのはその通りです。年中通して雨が多く、乾季がないことがその最大の理由です。しかし亜高山帯の森林限界に近いようなところでは、森を皆伐すると冬の低温、強い風、夏の強い直射光などの厳しい環境にさらされて、50年や100年ぐらいの時間単位でも森に戻らない場合が多くあります。そのような場所はササ生地《おい》になることが多いです。また普通の場所でも、その森とその周辺の森とのそれまでの扱い方の履歴によって、すぐには森には戻らない場合もあります。これについては後で改めて述べます。

では大面積皆伐をしたままの放棄地の問題は何なのでしょうか。まず考えられるのは、表層土壌の流亡と水源涵養機能の低下です。大面積皆伐をすれば、それから数年間は苗木を植えようが植えまいが、地表流の流下速度は大きくなって表層土壌が流亡し、河川への水流出の平準化も損なわれます。いずれにしても大面積皆伐は良くないということです。

その上、後のことを考えない伐出は、その場限りの無茶な道の付け方をして、そこからの崩壊を招くことなどの大きな問題を伴いがちです。

放っておいても森になるか？

さてあなたのご質問の「皆伐後に放っておいても森になるか」ということです。皆伐された森林の周りに広葉樹が多くあれば、皆伐直後に広葉樹の埋土種子が芽生えてきて森を形成します。埋土種子というのは、鳥の糞などで運ばれてきた種子が、林内の暗い光環境では発芽しませんが、光や温度などの急で大きな変化の刺激を受けると発芽する種子のことです。埋土種子は何十年も休眠して発芽条件が良くなるのを待つという能力があり、長年にわたって林内にストックされています。埋土種子にはアカメガシワ、ヌルデ、カラスザンショウなどの陽性の先駆樹種が多いですが、ミズキ、ホオノキのようないくらか耐陰性を備えた樹種やサカキ、ヒサカキのような耐陰性のある樹種もあります。しかし一般的には陽性の先駆樹種が多く、まず皆伐跡地にはそのような灌木性の樹種が優占します。そのような灌木性の樹種は小鳥の好む実をつけるものが多く、その実を食べに来た鳥が高木性樹種の種子が入っている糞を落としていきます。そのために最初は灌木の多い森林でも、その後次第に高木性樹種の森に変化していきます。

周りに広葉樹がなくても、皆伐された針葉樹人工林の前の世代が天然林や天然生林（**用語解説7**）であれば、その広葉樹の埋土種子が残っていて、人工林の皆伐後にその埋土種子が芽生えてくることはあります。しかし2世代以上続いた人工林を皆伐すると埋土種子による更新は期待できなくなります。

大面積皆伐を行っても、その周りにアカマツ、シデ、カンバ、ネムノキなどの風散布の樹種があれば、その母樹から100mの距離ぐらいまでは、それらの陽性樹種が生育してくるでしょう。しかし正方形にして5ha程度以上の皆伐になりますと全域に風散布種子が届くのは難しくなっていきます（**図18**）。

以上のように、皆伐を行っても周りに広葉樹があって埋土種子の供給がなされていたか、あるいは周りに風散布の樹種があるかなどによって、皆伐後に放っておいても森が成立するかどうかは変わってきます。

それでは樹木が生えてこないのはどういう場合でしょうか。最悪なのは間伐がまともになされず、下層植生の極めて乏しい状態の人工林で大面積皆伐を行った場所です。そこは

図 18　人工林内に生じた芽生えの本数密度と隣接する天然林（天然生林）からの距離の関係
（藤森隆郎ら、森林施業プランナーテキスト基礎編、2010 年）

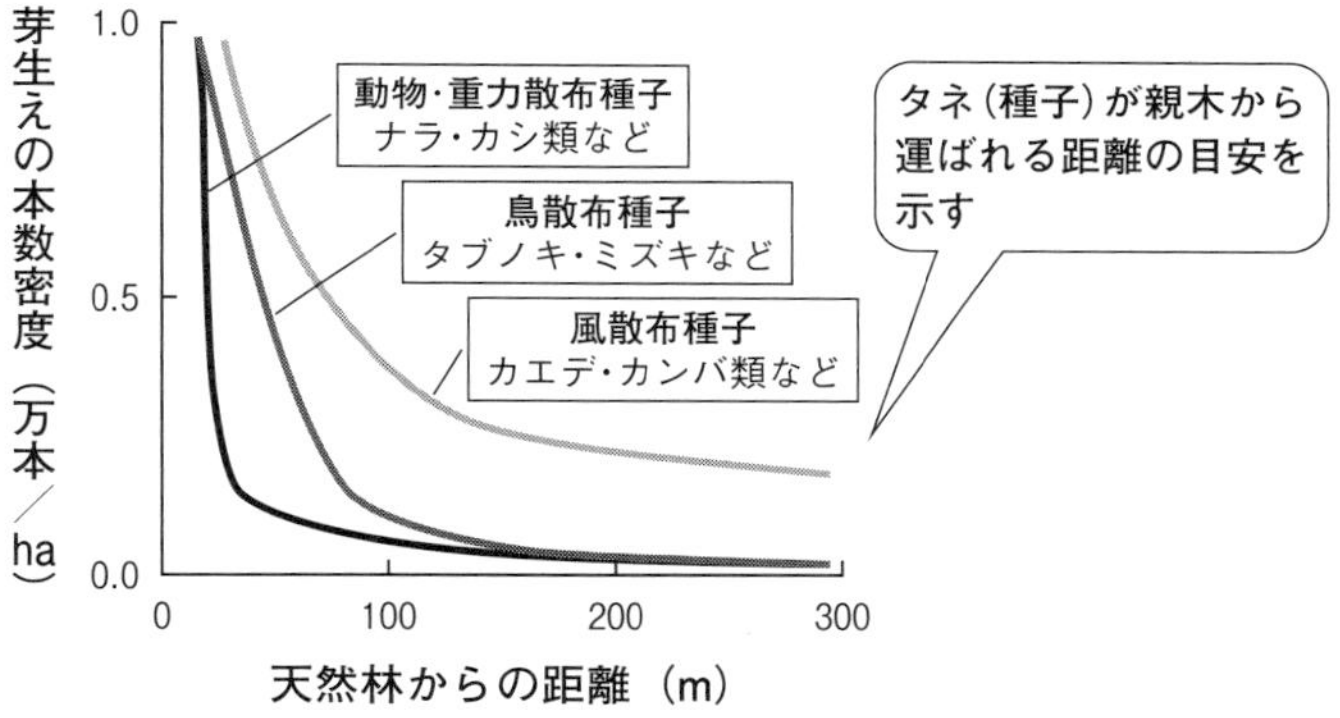

草本類の種子源もありませんからしばらくは裸地状態が続き、土壌浸食が起きます。下層植生が皆無に近い状態で皆伐されても、その周りにススキの生えているところがあると皆伐面は数年のうちにススキに覆われます。一度ススキに覆われますと、そこに樹木が侵入するのは大変で、それには何十年もかかる場合があります。

一方、下層植生がササやシダで覆われている林分を皆伐して放置しますと、その場所はササやシダで覆われた、いわゆるササ生地《おいち》、シダ生地《おいち》が何十年にもわたって続くことが多いです。ササ生地やシダ生地は林地に比べて土壌構造は発達しにくく、水源涵養機能は林地に比べて落ちます。しかし地表植生のない土壌がむき出しの状態に比べれば、それが何であれ植生に覆われていることははるかに好ましい状態です（図19）。

土壌の母材が花崗岩地帯の傾斜が急な場所では、一度無植生状態になると土壌浸食が続きやすく、植生回復が進みにくくて、治山工法的な手を施さないと森林に回復させることはできなくなります。このように放っておいても森になっていくか否かは、地質や地形によってもさまざまだということを知っておく必要があります。

「皆伐した後、放っておいても森になるかどうか」は、以上に述べましたように、その森の履歴、周りの状態、地質・地形などによりさまざまですが、成立する森の質を問わなければ、多くの場合は森になるといえます。

造林の必要はあるか？

さてあなたのご質問の最後のところの「もし放っておいても森になるのなら、造林は必要ないということになってしまいますが、私たち地域関係者としては造林の仕事がなくなっても困るというのが正直なところです。やはり跡地はきちんと造林した方がいいのでし

図 19　各種植生の状態とその土壌の機能
（森のセミナー No.1「森と水」、全林協、1999 年）

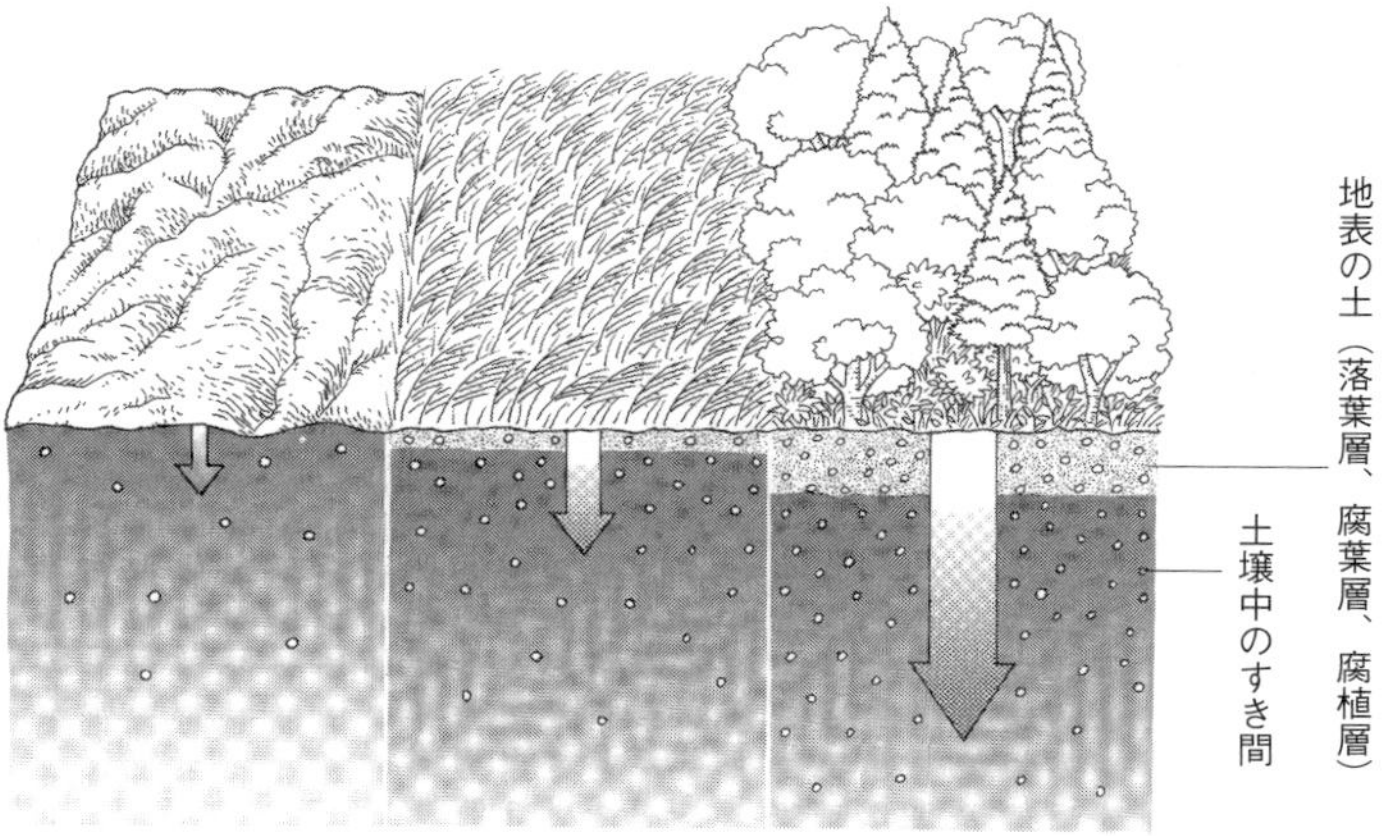

森林は土壌構造が最も発達していて、保水機能も透水機能も高い。裸地になるとこれらの機能は大きく低下する。

ょうか」についてお話ししましょう。ここであなたのおっしゃっている「造林」とは、苗木を植栽してから下刈り、つる切り、除伐までの作業とします。

あなたのおっしゃっている森とは、今回伐採したスギやヒノキのような森というように取れます。その場合はスギやヒノキの苗木を植栽する必要があります。すなわち造林の必要があるということです。もし皆伐した後に自然にスギやヒノキの森が成立するのであれば、日本の林業は外材にこんなに苦しめられることはないでしょう。

しかし日本で針葉樹人工林を皆伐して放置しておけば、まず草本類、灌木の広葉樹やアカマツ、そして高木性の広葉樹が優占していくというのが普通のパターンです。そのためにスギ、ヒノキ、エゾマツなどの苗木を植えて、生育してくるススキなどの草本や広葉樹を下刈り、つる切り、除伐などで制御していかなければならないのです。日本の林業の施業体系はそのような更新技術を基本にしています。したがって針葉樹人工林の施業を続けていくためには、伐採跡地にはきちんと造林する必要があります。ただしあなたのおっしゃっている「造林の仕事がなくなっても困る」というお考えには、いろいろな角度から考えなければならないことがあります。そのことについては後で触れたいと思います。

ここでちょっと目を転じて、かつて日本のスギやヒノキの林業を強く圧迫し続け、今も影響を与えているベイマツ（ダグラスファー）とベイツガ（ウエスタンヘムロック）の生産地帯の生育環境を紹介しておきましょう。その地帯はアメリカ合衆国のオレゴン州からカナダのブリティッシュコロンビア州にかけてのカスケード山脈の西側の太平洋岸の地帯です。それは太平洋を隔てて日本のちょうど反対に向かい合う地帯です。ここは夏涼しくて雨が少なく（ほとんど降らない）、冬温暖で多雨な地域です。夏冷涼で乾燥する気候は針葉樹の生育に適しています。夏の間は乾燥のために草本類は生育できず、広葉樹の生育にも適しません。したがってここでは、今ある森林を皆伐すれば、風散布で陽性の先駆樹種であるベイマツが一斉林を形成します。そしてベイマツが大きくなると、耐陰性のあるベイツガがベイマツの下に生育してきます。

針葉樹は一般に乾燥に強く、暑さに弱いものです。針葉樹が寒いところに多いのは、寒さを好んでのことではなく、暑さを避けてのことなのです。北アメリカ州北西部太平洋側はまさに針葉樹天国です。冬の温暖多雨は、春から夏にかけての成長のポテンシャルを高めています。ヨーロッパの環境も北アメリカ大陸北西部の太平洋側の環境と似ています。そのような地帯に自然と成立する主要樹種は林業的有用樹種であるというところに日本との違いがあります。植栽をしても下刈りなどの保育作業はほとんど要しません。国際競争下にあって、相手国の生産環境をよく知り、日本の森林施業のあり方を考えていくことは非常に重要です。

「日本は放っておいても森に戻る」のは本当です。しかしその森があなたの期待しておられる森とは違うのです。日本は夏高温多雨であるがために広葉樹（有用広葉樹でないものも多い）が中心の植生で、針葉樹はその中に混交しているのが普通の姿なのです。日本では皆伐した後にスギやヒノキが芽生えてくることはあっても、芽生えてきた稚樹が裸地では夏の高温に耐えることはできません。あるいは裸地では冬の霜柱で根の浅い針葉樹の当年生稚樹は、その根が浮き上がってしまいます。仮に稚樹が生育し続けたとしても、やがてすぐに草本類や広葉樹に被圧されて生き残れません。

日本でスギやヒノキやトドマツなどが天然更新するためには、林内の適度な日陰の、比較的温和な微気象のところで、草本類や広葉樹が繁茂しすぎないところが必要です。それは落葉広葉樹を主体とする針広混交林だということです。ですから日本で自然力を生かした森林施業を目指すとすれば、究極の目標林型は落葉広葉樹と針葉樹の針広混交林で、それを択伐林施業で回転させていくものだと考えられます。そのためには相当レベルの高い技術者を育成する必要があります。したがって、今すぐにそこまではいかなくとも、現在ある針葉樹人工林に積極的な間伐を進めていって、広葉樹の適度な侵入を評価していくようなことは必要でしょう。究極の低コスト林業は、針広混交林の施業にあるのではないかと思います。

次に苗木植栽の意味を考えたいと思います。林地の更新地の厳しい環境に耐えられるように、条件の良いところで健全な苗木を育成します。従来からの苗木育成は、芽生えて1、2年の間の、か弱い時期は、苗畑で密生させて厳しい気象環境を緩和させ、稚苗の間引きや植え替えによって、林地の環境に耐え、ほかの植物との競争力のある大きさにまで育てます。日本の自然環境下において、皆伐跡地に有用針葉樹の森を成立させるためには、苗木の植栽が不可欠です。しかし前述しましたような針広混交林で択伐作業を行っていけば、そこでの天然更新は可能性が高く、それができない場合は局所的に植栽していけばよいでしょう。植栽作業はできるだけ少なくしていけるのが理想です。

仕事確保の視点で考えると

さて、後でお話しすると申しておりました、「造林の仕事がなくなれば地域関係者は困る」とおっしゃっていることについてお答えいたしましょう。確かにそれでは困るのかもしれませんが、そういう話だけでよいのかどうかを考えたく思います。造林の目的は何なのでしょうか。それは森林生態系のサービス（**用語解説3**）をできるだけ生かし、持続的な木材生産を行うことによって、利用価値の高い多様な資材やエネルギーを合理的に供給し、それに伴う雇用を増やしていくことの中に位置づけられるものだと思います。そう考えたときに40年や50年で皆伐して、造林を繰り返していくことが、経営的に利口といえるでしょうか。先ほど示した外国の例も踏まえて、日本の自然環境下で考えるべき経営的戦略は、植栽、下刈りなどの初期保育経費をいかに小さくするかにあると思います。それは一度形成された森林生態系のストックを大事に生かしてそこから収穫を続けていくことだと思います。

「仕事を増やすために造林作業が必要だ」ということは、短伐期を繰り返すという考えに連なります。せっかく形成された森林生態系のストックを壊して、多大な造林作業に多大な経費を投じて経営は成り立っていくのでしょうか。確かに苗木育成、植栽、下刈りといった造林作業により雇用は増えます。補助金を受けられるそれらの仕事の受託により、森林組合は仕事を得、組織を維持するのに都合がよいでしょう。農家の人たちにとっては、農閑期の仕事として造林の仕事のあることはありがたいでしょう。でも、あるべき林業の姿に照らして造林というものを考えていかなければなりません。コストのかかる造林経費をできるだけ少なくし、間伐（収入を伴うもの中心）を重視し、その伐倒・集材作業へのウエイト付けが必要です。造林作業を減らした分、仕事量は伐倒、集材の仕事量に向けられ、季節的にも年次的にも平準化される仕事量をより広い森林に広げることができ、それに伴う雇用を高めることができるでしょう。ただし、植栽と下刈りなどの初期保育技術の伝承は必要で、コンスタントな一定の植栽保育は必要です。

造林作業が減ると農家の人たちの副業の仕事が減るといわれるかもしれませんが、農家の人たちの仕事は、いわゆる里山といわれるところでの自家労働による仕事があったはずです。すなわち落葉広葉樹林主体の里山で、自家労働により薪を収穫したり、キノコ原木を収穫したりして、自給しながらその余剰物を市場に出すという、複合経営をしていました。農業用の有機物肥料としても落葉が採取されます。こういう地域の循環型社会の見直しもなされつつあります。もちろん農家林家で、所有林にスギやヒノキなどの人工林があれば、自伐林家として間伐中心の収穫行為に目を向けることにより、仕事がなくなるということはないでしょう。

先に日本の自然は広葉樹主体の森林であると申しましたが、コナラなどの広葉樹を中心とした森林を回転させていくのは日本の自然に合った非常に上手な森との付き合い方だといえます。そういう森では、短伐期でも伐った後は自然と元のような森になっていくからです。コナラ、クヌギ、シデなどは萌芽更新し、それらの種子からも次世代の木が育ってくるからです。自家労働による里山の有効利用を真剣に考えていくことは重要です。ここではそれが議論の課題ではありませんので、農山村での仕事の場、雇用のことについてはここまでにしますが、日本の自然を生かした森との付き合い方は、是非皆さんにも考えていただきたい重要な課題です。

最後にもう一度あなたのご質問に戻りますと、皆伐したまま放置してしまうことの問題点は、水源涵養などの林業以外の問題にもありますが、やはり大事なのはせっかくつくってきた森林生態系の林業経営の基盤を失っていくことだと思います。その視点からの皆伐後の未植栽地の問題は大きなものだと思います。それとともに、ここで私がいろいろ書かせていただきましたことは、あなたのご質問から波及するさまざまな大事な問題の提起です。この機会にそういうことも考えてくだされば幸いです。

質問9――

大径材のゆくえ

集成材や合板の生産が増え、木材の需要が増えることはありがたいのですが、一方で大径材がそうした加工業界から敬遠されていると聞きます。そのためもあって、大径材の価格(単価)が安くなったり、買い手がなかなか付かなかったりという話も聞きます。一所懸命間伐をし、目的とするはずの大径材が思ったように売れないという事になれば、林業側(とくに森林所有者)のこれまでの努力はどうなるんだろうと思わずにはいられません。

(都道府県林務担当　30代)

答え——

大径材の評価なしに持続可能な林業経営はない

あなたのご懸念は、持続可能な林業を考える上からも、木材生産と森林の多面的機能の発揮との調和を考える上からも極めて重要な問題です。大径材の価値が正当に評価されなくなると、森林・林業の将来のあるべき姿が描けなくなるからです。大径材の価格が下がると、大径材を込みにして可能な林業経営が展開できなくなり、それにより林業の担い手が失われ、林業の再生力は失われることを強く懸念します。長期的に見て林業経営を成り立たせるためには、低コストで森林を回転させ、価値の高い材を生産すれば、それがそれ相応の値段で取引されることが必要です。低コストで森林を回転させていくには、長伐期多間伐施業か択伐林施業（複相林施業（**用語解説4**））で回転させ、植栽・下刈り経費をできるだけ低く抑えていくことが基本的に重要です。これらの施業は大径材を含むさまざまな径級の材を供給できます。できるだけ価値の高い材を生産できる王道は大径材生産です。その理論的な説明は後でいたします。このようなことから大径材の価値が正当に評価されることは、林業的にも社会的にも本質的に重要なことです。

集成材や合板などの加工技術の向上によって、木材の需要が増えることは良いことですが、それによって大径材の取引が減り、その価格が低下することは、持続可能な林業経営を困難にし、環境保全と調和した森林施業を不可能にするので、そのような動きは絶対に避けなければなりません。そのために集成材や合板の利用が増えても大径材の評価が下がらないように、林業家、製材業者、工務店、消費者のすべてが力を合わせていかなければなりません。

持続可能な林業経営とは、その地域の自然を生かした、すなわち地域の生態系と社会的ニーズに合った森林を生産基盤として育成し、それを維持回転させていくことだといってよいと思います。それは健全な森林生態系を崩さないで社会的ニーズに応えていくことだといえます。そのような林業を展開していくためには、林業経営を維持していくのに必要な収入が得られなければなりません。そのためには、できるだけコストをかけないで、できるだけ単価の高い良質材を含んださまざまな材をより多く生産することが必要です。このことの説明は「質問1　造林のことはどうなっているのか?」や「質問3　森づくりの目標とは?」で行っています。しかし大径の良質な材の価格が下がれば、このようなビジョンは描けなくなり、よい森づくりができなくなるために、環境保全的にも重大な影響が及びます。

大径材の価値

大径材の評価が大事で、大径材がそれ相応の価格で取引されるべきだというからには、大径材はどういうところで優れているのかを確認しておく必要があります。

幹の髄から15年ぐらいまでの間に成長した材は未成熟材で低質だといわれています。したがって大径になるほど未成熟材の比率は小さくなり、その分大径材は良質だといえます。しかし一方、幹の肥大成長は、樹皮のすぐ内側にあるリング状の形成層という細胞分裂組織で生産された細胞組織が、年々形成層の内側に集積されていくことによってなされていきます（図20）。形成層から内側に送り出された細胞組織は、ある年数の間は水分輸送などの生理的機能を有しており、その部分の材は薄い色をしています。その部分を辺材といいますが、辺材は何年もすると順次組織が壊れていって生理的機能を失うとともに、そこに腐朽を防ぐ物質が蓄積していくなどして色が濃くなります。この幹の内側の色の濃い部分を心材と

図 20　樹木の構造（藤森隆郎、新たな森林管理、全林協、2003 年）

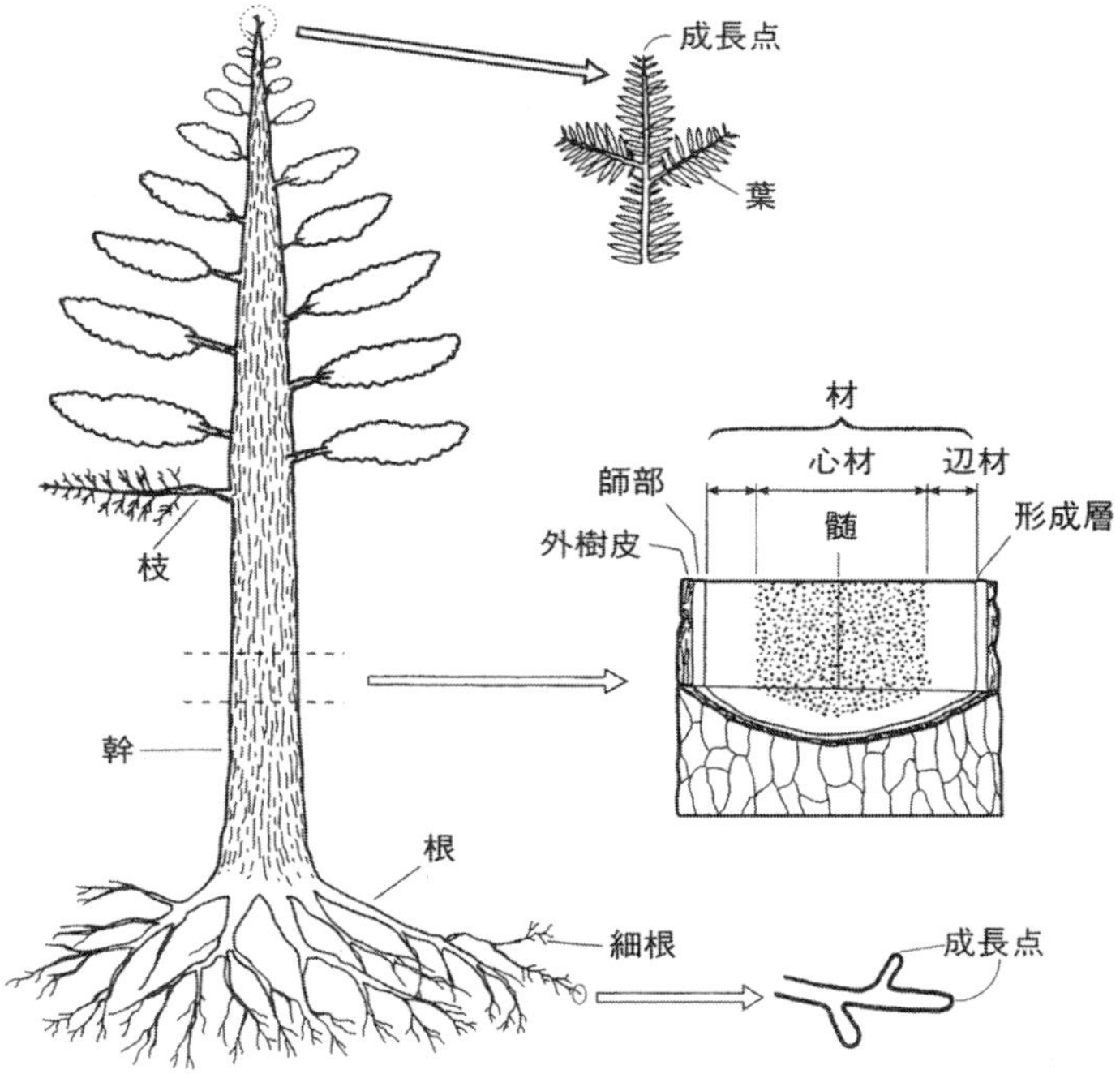

伸長成長は幹、枝、根の先端の成長点で、肥大成長は幹、枝、根の形成層の細胞分裂によって行われる。髄は成長点の軌跡である。

いいます。心材は腐りにくく、構造材として評価されます。辺材はその薄い色と柔らかさが内装材として評価されます。大径材は心材率が高くなりますが、辺材の採材もしやすくなり、心材と辺材の両方の利用に適します。

普通、一般の林分で育った木は、その生育過程における密度効果によって下枝は枯れ上がり、やがて枯れ枝は落ちていきます。したがって幹の髄を通った縦断面を見ますと、髄から横（外）の方向に向かって順に、生き節、死に節の出現する範囲があり、その外側に無節の部分が見られます。枯れ枝の残枝が巻き込まれた後に太った部分はすべて無節ですから、幹は太くなるほど無節率は増えていきます。衰退した枝を枝打ちすれば、死に節の出現しない材を生産することができますし、無節率はさらに高くなります。無節率の高い材は良質材です。

節の有無は美感に大きく影響しますが、木材の強度の点からも無節材は優れています。節に伴い年輪の走行に乱れが生じ、それにより材のひずみが生じやすくなります。板などの材をどのように利用するときでも、ひずみの小さいものが優れています。また節に伴い強度的に20%ぐらいのマイナスがあるといわれています。大工仕事にとって節のないことは大変仕事がしやすいものです。節がある方が木材らしさがあってよいという場合もありますが、それはそれとして、一般には無節性の高さは良質材として評価されます。特に死に節の有無は材の評価としては極めて重要です。大径材になるほど死に節率は減ります。

材質として年輪構成も大事な要素です。年輪幅が一定の範囲でよく揃っている材は、材のひずみが小さくて優れていますし、装飾的にも優れています。このように年輪構成の優れた材は評価されますが、適切な密度管理のもとに育った大径材はこの点で非常に優れています。また大径材の下の方の材（枝下の材）は、年輪の走行が垂直方向に走っていて、それも高く評価されます。

材質ではありませんが、大径材には次のような利点もあります。大径になるほど採材歩留まりは高まります。採材歩留まりが高いということは、生物的生産量を林業的生産量に高くコンバートするという点で大事なことです。また同じ材積を伐倒・集材するならば、小径材で本数が多いよりも、大径材で本数が少ない方が、機械が材をつかむ回数が少なくてすむため、その分伐出経費が少なくて済みます。大径材生産を目的にした長伐期施業（択伐林施業も）を進めていくと、その間の間伐によってさまざまなサイズの材が供給できて、さまざまな需要に対する弾力性が高まります。

長伐期施業は台風などの気象災害に対して危険性が増すといって、長伐期化に消極的な人たちがいます。それは間伐が不十分な森林の災害例を見てのことだと思います。適切な間伐を進めていけば、50年生以下の若齢林よりも、50年生以上百数十年生の森林の方が、台風被害や冠雪害に対して強いことは、いくつもの報告例から分かることです。林業にとっては生産の安全性を高めることは非常に大事なことです。さらに長伐期施業は、地力の維持や生物多様性の保全などの環境保全にも沿うものです。これは持続可能な社会の構築にとって極めて重要なことです。ここのところは「質問1　造林のことはどうなっているのか？」で詳しく述べています。

大径材が評価されないとどうなる？

近年、A材、B材、C材という評価の仕方によって、材の取引がなされていますが、その評価の要素は、集成材工場など加工産業の立場からの主に曲がりの度合いによるものです。基本的に幹の通直性は材の評価として重要なものですから、それはそれでよいのですが、無節性とか年輪構成などの材質はあまり問われていないようです。集成材や合板の工場では、大量の材をベルトコンベヤー式に扱うために、最小限の太さと通直性の尺度ばかりが問われるようになってきているのだろうと思います。ある程度の通直性があれば、材質は加工技術で解決するという方向が強まっているようです。

そうなりますと、山側に安い材料の供給だけを求められるようになり、山側での付加価値（無節性や年輪構成など）を高めるメリットとインセンティブがなくなります。その結果、山側の経営は成り立たなくなります。それは山側で付加価値を高める作業ができなくなると、山側の経営意欲が失われ、雇用も失われてゆくのです。そのようにして林業の担い手が欠乏していくことは、将来はB材もC材も持続的に供給できなくなっていくということを意味します。そういうことは結局、将来は木材加工業界にとっても原木の安定的な購入に困るということになります。外国からの輸入材をいつまでも当てにしているというのは危険です。持続的に素材生産を行う林業の担い手を絶やさないように、木材加工業界も消費者も皆が一体となってこの問題を考えていかなければなりません。大径材の価値を正当に評価するということは、そのために不可欠な事なのです。大径の良質材は、集成材や合板などの加工材にとっても必要とするところがあり、それらの業界も大径材の適正価格の形成に注意を払うべきだと思います。

さまざまな径級のさまざまな質の材が、それぞれの価値に応じて取引され、それらを合わせて林業経営が成り立っていくことの重要性を、生産者から消費者までが共通認識を持って動いていく努力が必要です。それにより持続可能な林業経営の中心となる長伐期多間伐施業を可能とし、技術が伴えば択伐林施業を可能にします。長伐期多間伐施業や択伐林施業は、さまざまな径級の材と、さまざまな形質の材を供給することができます。長伐期多間伐施業や択伐林施業の生産目的の軸となるのが大径材であり、大径材の価値が下がれば、これらの施業の原動力は失われます。

「質問1　造林のことはどうなっているのか?」や「質問3　森づくりの目標とは?」で述べましたように、日本の林業経営において、造林(更新)にかかる経費は桁外れに大きいので、その比率を下げるためにも長伐期施業や択伐林施業を目指すことは大事です。それを可能にするためにも大径材が適正な高値で取引されるようにしていかなければなりません。

安い材が安定的に供給され続けるためには、良質な材が適正な高値で取引されて、それを含めて全体として経営が成り立つようにしなければなりません。それは良質な大径材を、それ相応の価格で取引することが必要だということになります。大径材を最も評価できるのは、無垢の板材や角材を多く扱う在来工法の工務店でしょう。したがって地域の製材所と工務店がしっかりと生き残れることが必要です。集成材や合板の会社や大手のハウスメーカーも地域の製材所や工務店との共存を考えないと、林業の担い手を絶やし、国産材の供給力を失っていくことになります。木材関係の業界が互いに共生していく努力が必要です。そして林木育成と伐倒集材の林業関係者と木材加工業者、ハウスメーカーの大所高所からの協業意識が重要です。また消費者の賢明な選択も必要です。その背景には木の文化の再生が必要であり、それを促す行政の力や教育の力も必要です。

近年、大径材の価格が下がってきている理由の一つに、大径材を能率的に挽ける製材機がないということが挙げられています。しかし、これから大径材の供給が増えてくることが（増やしていくことの必要なことが）分かれば、機械の改良をすべきであり、日本の工業技術の力からして、それができないはずはありません。

木の文化の再生を

大径木からの無垢の板材や角材などが評価されるのは、やはり和風建築でしょう。機能性が求められる現代の生活様式では、一般家庭の住宅で和風建築を増やしていくことは難しいかもしれません。しかし一家屋に一部屋は和室を設けて、そこで無垢の良質材の良さを味わえるようなゆとりは持ちたいものです。洋風の間取りであっても、内装材には大径の無垢材がもっと使われてよいと思います。

現在、日本の城の半分は鉄筋です。第二次大戦の爆撃で焼失した城の復興は、鉄筋でないと認められなかったからです。しかし日本の城の城たる文化的価値は木造建築にあるのであって、さすがに戦後の行政指導のまずさは改められ、現在は木造でないと再建は認められなくなっています。これからの城の再建や改修にはかなりの大径材が必要となるでしょう。鉄筋コンクリートを木造に戻したいという城も増えてきているようです。

地域の神社や寺の建物で、改修が必要なのに、それがなされていないものが目立ちます。地域の人口が減り、氏子や檀家が減るなどして資金が苦しいからなのでしょうが、地域の農林業と、それに立脚した六次産業が振興すれば、地域の定住者は増え、共同意識を持った人たちの心のよりどころの場として神社や寺の改修がなされ、そういうところにも大径材は求められるでしょう。

ヨーロッパ諸国の美しい街並みにそびえる教会やお城の威容は、地震のない地域だからこそ可能な石造りによるものでしょうが、日本は日本で、木造の城や神社、寺院の良さをもっと発揮させるべきです。それは改修技術の高さを必要とするもので、宮大工のような技術者を必要とします。そういう人たちの公的な育成機関も必要でしょう。

和風の旅館は目立って減り、鉄筋のホテルがほとんどを占めるようになってきましたが、観光地ではその地域の大径材を使った和風旅館がもっと増えてよいのではないかと思います。日本のゆとりのある層や外国からの観光客には和風旅館は受けるはずです。

学校や公民館などの公共の建物は、木材が優先的に使われるべきです。その場合、集成材が多く使われるでしょうが、無垢の大径材の使えるところは、できるだけそれを多く使うべきです。地域の林業家や製材所を育てることは、地域の行政の使命のはずだからです。民間のオフィスでもできるだけ大径の無垢材を使ってほしいものです。民間テレビ局の報道番組で、そのスタジオに無垢の大径の丸太柱や板をふんだんに使っているものがありますが、それなどは本当に良いものだといつも思っています。

大径材は生産と環境の調和のシンボル

大径材は、それが環境保全的に優れた施業（長伐期施業や択伐林施業）によって生産されてきたものの証です。長伐期施業（大径材生産）や択伐林施業は短伐期施業に比べて土壌保全に優れ、それは環境保全と生産力の持続性の両方に優れています。林業の最も誇れるところは、生産と環境を調和させて持続可能な循環型社会の構築に貢献できる産業だといえることです。大径材生産はそれに最もよく沿うものです。大径材をできるだけ無垢の状態で使うことは、製品にいたるまでに要するエネルギーの使用量を最小限にし、地球環境保全のためにも優れたものだということを広く社会が認識すべきだと思います。大径の無垢材を使うことはあらゆる観点から好ましいことであり、大径材はそれだけの評価に値する価格で取引されるべきだと思います。それこそ文化国家としてのあるべき姿といえるはずです。

図 21　広葉樹（手前）とヒノキ、スギ（後方）の大径材。

質問10――

「低質材」と切り捨てていいのだろうか？

私の地域では低質材ということで、いろいろな雑木（広葉樹）がチップ材として生産されていますが、あるときチップ用の広葉樹十数種の建材見本を施主たちに見せたところ、特に奥さんたちには非常に好評で、とてもきれいだといわれました。それぞれの樹種特有の色合いが彼女たちの眼には美しく映ったようです。

パルプ・チップ用に使われるだけの広葉樹ですが、もったいないという気がしてなりません。インテリア用の建材としてはもちろん、うまく加工して地元で活用するすべはないかと思案中です。

（林業地域の工務店勤務　30代）

答え――
日本の豊かな広葉樹を生かすことの大事さ

私はあなたのこのお考えに接して、非常にうれしく思っております。私も常々そのように思っているからです。地域の工務店の方が、パルプ・チップ材としてしか扱われていない広葉樹材の建材としての良さを、施主の方々に認めてもらう努力をなさっていること、そして奥さんたちがそれに好反応を示されているということに大きな希望の光が感じられます。それは地域の林業、地域の関連産業と雇用、地域の木の文化、地域の循環型社会の構築などに連なるものだと思います。そして「地域の」は「日本の」に置き換えることができます。それぞれの地域が合わさっての日本だからです。

私は日本の自然がつくり出すこれだけ豊かな樹種の良さを住まいの中にどうして取り入れられないのだろうかと常々疑問に思ってきました。日本の食生活は、日本の豊かな食材を生かして世界に冠たる食文化を築いてきました。近年は輸入食材が増えてはいますが、私たちは食材に対しては強い好みやこだわりを持っています。例えば国民はタイ、イワシ、カツオなど何十種類もの魚の名前を知っていて、それらの味はもちろんのこと、姿や色などを食卓で味わい観賞しています。しかし日本はこれだけ豊かな樹種の森に恵まれていながら、住生活においては木の種類に対する関心はほとんどありません。食べるということと住むということでは、材料に対する要求度や感覚が違うのは当然だとは思いますが、それでも樹種の特性に対する関心がほとんどないことがやはり不思議です。それがどうしてなのかということを考えていくことはこれからの課題だと思います。

林業家、製材業者、工務店などが地域の資源の特徴を生かすことに対して、その努力が欠けてきたことは確かだと思います。素材を生産し、製材加工し、家屋を建てて販売するという木材関連業界において、その努力が弱かったとはいえないでしょうか。一般に物をつくって製品を販売する業界では、その素材の長所や魅力の可能性を真剣に考えて、それをいかに発揮させるか、そしてその魅力をいかに消費者に伝えるかの努力をするものです。日本人は本来自然に対する感受性が強いはずです。俳句に親しんでいる人たちの数は何百万人ともいわれていることがそれを物語るでしょう。ですから自然材料である樹種の個性の良さを示して説明すれば、それは多くの人たちの琴線に触れるのではないかと思います。あなたの顧客の例がそれをよく物語っているものと思います。

奥さんたちは、住宅の内装のインテリアに対する関心は大きいと思います。また奥さんたちは環境問題に対しても関心が高いと思います。そういうことから家屋の材料にできるだけ木を多く使うことへ賛同する人は多いでしょう。ところが現在は木造住宅であっても内装のインテリアはビニールクロスなどの非木質材料によってなされているものが多いようです。それに対してあなたが体験を述べられているように、さまざまな広葉樹材の色合いの美しさや年輪構成の良さを紹介すれば、インテリアにそれを採用する人たちは多いでしょう。さらに生物多様性など森林生態系サービス全体のことを考えれば、広葉樹材を内装のインテリアに採り入れることに賛同する人は増えるでしょう。

例えば、内装材の一部にでもサクラやカエデの材を使い「桜や楓の色彩のある家」などのキャッチフレーズにすると住宅の魅力が増すことも考えられます。私は地域の工務店こそ木の文化を普及する推進者になってほしいと思います。それこそが地域の文化を育み、大都会に本店を置く大手のハウスメーカーとの競合を避けて生き残れる道だろうと思っています。地域の工務店はその地域の材の特色を生かして、文化の香りのあふれる住宅を提供することが基本的に重要だと思います。

広葉樹材のいろいろな使い方

私は建築の素人ですので、あなたのおっしゃっているインテリア用の建材というのは、どのような形態のもので、どのような場所にどのようにして使うのかは分かりませんが、これまで雑木として扱われてきたさまざまな広葉樹の材を、より価値のあるものとして使おうとすることには大賛成です。あなたの文章の中で「うまく加工して地元で活用するべきではないかと思案中です」と述べられている「加工」というのがどのようなものなのかも分かりませんが、フローリングのような加工は内装材として効果的でその需要は大きいでしょうし、その促進に努力すべきだと思います。その一方で、できるだけ無垢のままの製材品の使用も期待します。木の文化の根底として、無垢材の良さを生かせるところはできるだけそれを求めていくことを期待しております。いずれにしても広葉樹材のインテリアの良さが呼び水となって、木の良さを発揮する木造住宅の需要が増えることを期待します。そうなれば地元の林業にも、製材所にも好影響を与え、地域振興への大事な役割を果たすことになるでしょう。フローリングとして利用するにしても、フローリング工場はできる限り地元にあることが望まれます。

多様な樹種を使った住宅

愛媛県久万高原町の専業林家の岡信一氏のご自宅は、先代の譲氏が約50年前に所有林からの木材を使って建てられた純和風の家ですが、そこには20種類以上の樹種が使われています。柱、床、天井、鴨居、長押などにさまざまな材が使われており、ケヤキやサクラなどの広葉樹材も多く使われています（図22、図23）。そのお家の中でひと時を過ごさせていただきますと、気持ちは安らぎ、穏やかになり、落ち着きます。自然色の豊かな森の中にいるのと同じような気持ちになってきます。これはスギやヒノキなどだけではない、広葉樹を含めたさまざまな樹種の材の香りや色合いが合わさってつくられる雰囲気なのだろうと思います。岡氏のお家は木の良さを知り尽くした林業家、工務店、大工さんによってつくられたものであり、誰にでも可能なものではないかもしれません。恵まれた時代につくられたものだともいえるでしょう。しかし広葉樹材が内装材に多く使われていることの素晴らしさが本当によく分かります。岡氏宅だけでなく、多くの篤林家の方々のご自宅には、自家山林の広葉樹がうまく生かされています。純和風の家でなくとも、内装の適所に広葉樹材を使えば、色や年輪の特色などから素晴らしい雰囲気が生まれると思います。

図 22　岡氏の山林

広葉樹を混交で残すなど、広葉樹林をスポット的に残している。

ケヤキやミズナラなどのいわゆる有用広葉樹といわれる樹種の大径材だけでなく、ホオノキやミズキなどの中小径材などでも、工夫していろいろな場所に使えるものと思います。ホオノキのくすんだような緑色などが適所に使われているのは本当に趣のあるものです。そのような材を生かせるのは大工さんの技術を生かす地域の工務店の強みだと思います。地域の工務店はそういうところの工夫を是非働かせてほしいと思います。

広葉樹材を使うことの波及効果

私たちは科学技術の発達と、経済至上主義が膨れ上がる中で、便利で早くというような機能的に優れたものにばかり価値を求め、工業的な加工技術によってそれに応えていくことが当たり前になってきました。住宅もプレハブのように規格化され、大量に扱うものに席巻され、個々の木の良さと、人々の個々の好みをマッチさせるような余裕をなくしてきました。安らぎと落ち着きの必要な住宅に、広葉樹の柔らかく素朴で、かつ色彩や木目にそれぞれの美しい個性のある材がインテリア材として使われることは素晴らしいことだと思います。味わいのある豊かさを求めることと広葉樹の材の良さを求めるということは合致するものだろうと思います。その地域の自然の産物をできるだけ原型に近い形でうまく用いるところに、飽きることのない美しさがあると思われます。

図23　岡氏のご自宅

適材適所に広葉樹を含む自家材を使っている。

私は規格型の住宅を否定するものではありません。共働きでとても注文住宅に時間を割いている余裕はないという人も多いでしょうし、規格型の住宅に安心感を抱く人も多いでしょう。それはそれでよいと思います。でも、もし少しでも余裕ある時間を持てる人であれば、住まいのことを真剣に考えて、趣味の時間を2、3年の間だけでも少し削って住宅の勉強をされるとよいと思います。そのことは自分の人生や家庭と社会との関係を考えるよい機会だと思います。そうすれば必ずといっていいほど各種広葉樹の材の魅力に引き込まれると思います。工務店の人たちはそのような人たちをどのように増やしていくかが大事であり、そのためにさまざまな樹種の魅力の勉強をし、木の文化の向上に努めることが大事だと思います。

あなたのような工務店の方がおられれば、施主と工務店（設計士も含む）の力強い関係が築かれ、それは地域の製材所、林業家などとの繋がりの波及効果を及ぼし、地域産業の振興を促すまでの力になると期待されます。林業経営にとっては、収穫対象物が良い値で取引されることが大事です。収入が増えることはよい森づくりの原動力になります。工務店が顧客に対して多様な樹種それぞれの良さを伝え、その価値に応じた値で取引されるようになれば、林業家はそれだけ力がつくでしょう。工務店も地域の木の文化を売り物にすることによって、他の工法の住宅との競合に強みを発揮できるものと思います。それに伴い地域の製材業者も活気づき、地域の雇用は増え、地域の経済の向上に連なると思います。

広葉樹の良さを生かした家を建てることにより、林業家も活気づき、よい森づくりにも貢献できることを施主が知れば、その社会的貢献度の大きさに施主も喜びを感じることができるでしょう。「質問1　造林のことはどうなっているのか？」や「質問3　森づくりの目標とは？」などでも触れていますように、これからの望ましい森林施業に針広混交林が挙げられます。住宅への広葉樹材の需要が増えれば、理想とする森林施業の原動力が生まれるので、そういうことからも広葉樹材の良さを生かした住宅が増えることが強く望まれます。その地域の自然を生かした文化的な住宅を建てることは、美しい森や街並みをつくっていくことになります。地域の農林業を振興させれば、美しい森、美しい田園、美しい街並みの景観が生まれ、自分の住む家だけでなく、地域の環境もよくなります。建材として目も向けられてこなかった広葉樹材を活用していくことは、豊かな社会の構築に大きな波及効果を及ぼすことが期待されるのです。その地域と一体となって生き甲斐を感じられるのは素晴らしいことだと思います。

質問11——

再生可能エネルギーで自給できる農山村地域の存在

月刊「現代林業」誌上で、再生可能エネルギーのみですべてのエネルギーを自給できる市町村が農山村にかなりあることを知り、感銘を受けました。加えて食料もすべて自給できる地域もあるとのこと。石油など海外のエネルギー源に頼る日本としては、エネルギー自給を実現している農山村の存在は素晴らしいと感じますが、その存在や役割をもっと広め、そこから学ぶべきものがあるように思いますが、いかがでしょうか。

(会社勤務・森林所有者　30代)

答え——

木質バイオマスエネルギーは農山村再生のカギ

自然環境に恵まれた農山村地域には自然エネルギーの潜在力は高く、農山村地域ではそれを利用することによってエネルギーを自給していくことが、今後の社会において強く求められます。特に木質バイオマスエネルギーの活用は、林業、木材産業の振興と密接であり、それに向けたうまい仕組みをつくっていけば、農山村とその周辺の雇用を増やし、農山村の再生と流域経済の活性化の大きな力になり得るものです。むしろ、そうしていかないと日本の農山村の、否、日本社会の未来を描くことは難しいとさえいえる大事な問題だといえます。

グローバル資本主義が行き過ぎないようバランスをとる

日本の社会が日常生活に不可欠な食料、エネルギー、資材などの圧倒的多くを外国からの輸入に頼っているのは非常に危険なことです。日本は外国から原料とエネルギーを輸入して加工し、主に工業製品を輸出して貿易黒字をあげ、それで食料や木材など一次産業の産物を輸入してきました。それによりＧＤＰは増大し、世界屈指の経済大国になり、物質的な豊かさは得てきました。しかしそれは都市を過密化させ、農山村を過疎化させ、それに伴い真の豊かさに反するさまざまな問題が生じてきました。

工業化と市場経済最優先の社会は分業による効率化を進め、その機能が都市に集中してきました。効率の悪い農山村はグローバル資本主義の中で分業から切り離されるか、あるいは農山村の中にまで分業が浸透してきたために、農山村が崩壊したのだといえるかもしれません。農業と林業の分離、農業の中でも作物農業と畜産農業の分離というように、その地域の自然をうまく生かした生活や産業の仕組みは崩壊してきました。農山村においてすらスーパーで輸入食品を買う、農家の主婦がスーパーに働きに出るなどという状態になっています。あるいは農山村でも非木質のプレハブ住宅や外材の家が建ったりもしています。これは食料や建築資材の多くを都市部や外国に頼り、農山村からそちらに金が流れているということです。エネルギーのほとんどは、都市に本社のある電力会社に依存し、金はそちらに流れ、その多くは海外の産油国に流れていきます。

このような問題は単に農山村の問題だけではなく日本の問題そのものなのです。生きるのに必要なものは水と食料と燃料です。それに建築資材も加えてよいでしょう。これらは農山村から供給されるものであり、都市生活は都市部だけでは成り立ちません。そのほとんどを海外に依存していることは、日本は自国の自然資源を生かしておらず、日本の社会は砂上の楼閣のようなものです。これらの自給率を高めることは国策として最重要課題です。もちろんグローバル資本主義からの脱却はあり得ないことでしょうが、それに完全支配されない農山村の自営的なシステムを真剣に考え、グローバル資本主義が行き過ぎないようにバランスをとることが必要です。

まず農山村における食料、エネルギー、資材の自給力の向上と、周辺都市部へのそれらの供給力の向上が不可欠です。そのために必要なことは、農業と林業との関係の強化、林業と木材産業の関係強化、林業・木材産業とエネルギー産業との関係の構築強化などです。私たちの文化の根源は、それぞれの地域の自然を生かした生活と産業における人々の顔の見えるつながりにあると思います。今注目されている再生可能エネルギー、特に木質バイオマスエネルギーが、都市部から見た市場経済の要求に応えるためだけのものであれば、日本の森林の多くは粗っぽい扱いを受けて、醜い山になっていくことは必至です。川下に大型バイオマス発電所ができ、その需要量を満たすために、大面積皆伐が進行するというようなことは絶対に防がなければなりません。木質バイオマスエネルギーの活用は、農山村の定住者が増え、それらの人たちの自治的な活動が根底にあるものでなければなりません。その上に立った農山村と都市部の良好な関係があり、そういう中に木質バイオマスエネルギーの振興がなければなりません。

地球環境と地域の循環型社会

農山村において農林業が振興し、それに関連した産業が盛んになり、地域の定住者が増え、地域の自給度合を高めていくということは、持続可能な社会の構築のためにも、地球環境保全のためにも基本的に重要なことです。地球温暖化をはじめとする地球環境問題は、地球生態系に人間の異常な活動の影響が及んで起きている問題です。その地球生態系というのは、地域の生態系の集合体ですから、地域の生態系を損ねない生活様式と産業を育んでいけば、地球環境問題は改善されていくはずです。したがって私たちの生活理念や社会理念の根底には「地域の生態系にできるだけ沿った生活の仕方や産業のあり方」があるべきだと思います。そしてそれは「地域の循環型社会の構築」ということになります。

地域の循環の大本は植物の生育に不可欠な太陽エネルギーと水と二酸化炭素です。二酸化炭素は地球上のどこにもほぼ一律にあります。日本は、植物が太陽エネルギーを利用するのに適した温度条件に恵まれた場所にあります。水の条件は、世界の中で最も恵まれています。このような環境は植物の生育に非常に適していて、基本的には農林業に適しています。だからこそ日本は有史以来、食料とエネルギーに恵まれ、それに人々の英知が働いて、高い人口密度を有した文化国家を築いてこられたのだといえます。

植物は二酸化炭素と水と太陽エネルギーで光合成を行い、それにより生産された有機物を基に微生物や動物が生活して生態系が成り立っています。したがって植物の生育に適した日本は、循環型社会の構築に大変有利なはずです。しかし私たちはそれをこの半世紀の間に放棄してきたのです。かつての農業は里山から採取された落葉と家畜の糞尿などによる有機物肥料で農業を営んでいました。また里山や少し奥の山からの薪炭で熱エネルギーを得て、その灰を農業の肥料に用いていました。商品にならない半端な農作物や、下刈りした草は家畜の餌に使われていました。牛や馬は農作業や運搬の力になっていました。このようにかつての農山村では、植物の成長を基盤にしたエネルギーの循環型システムが完備されていました。これは地球環境保全に最も負荷の少ない優れたシステムです。しかし、現代の市場経済の中でこのようなシステムは崩壊しました。

現在の農業は化石由来の化学肥料を使い、家畜の餌の多くは輸入穀物に依存しています。エネルギーは大都市に本社のある電力会社の電気エネルギーに依存しています。肥料も、飼料も、エネルギーも、その代金は都市に流れ、外国に流れていきます。そこには地域内の再投資力がありません。したがって農山村やその周辺の地域が衰退していくのは当然のことだといわざるを得ません。グローバルな市場経済を是認し、徹底した分業の中でより安いものを求めていく限り農山村の再生はあり得ませんし、地球環境保全も担保されません。

ではどうしていけばよいのでしょうか。私たちはグローバル市場経済から逃れることはできません。でも私たちは、人間らしい本当に豊かな生き方とはどういうものなのかということをもう一度よく考え、次世代以降の人たちに極力不都合を与えないようにするにはどうしたらよいかをよく考えて、グローバル市場経済の弊害を最小限に食い止められる社会のあり方を考えていく必要があります。そういう文化の再構築が必要です。

そのためには分業化でバラバラになった農山村の中に、共同や協業のシステムを再構築し、農山村やその周辺の都市部を含んだ地域の雇用を増やし、地域内でできるだけ多くのお金が循環するシステムを構築していくことが重要です。共同や協業を通して顔の見える関係が生まれ、地域住民の自治意識が高まります。この自治意識こそグローバルな市場経済の弊害に対する歯止めに不可欠なものです。そのような土台と呼応させながら地域による木質バイオマスエネルギーの自給について考えていくことが必要です。

「木の駅」―地域で金が回る仕組みのきっかけ

地域の中が連携してその中でお金が回る仕組みをつくっていくことは大事ですが、林業からそれを動かすためには、まず小さな単位でその地域の森林所有者と住民との間できっかけをつくっていくことも大事です。その場合、行政ではなかなか動かせないことをＮＰＯが果たしている例があります。

丹羽健司氏がリーダーを務めるＮＰＯ法人地域再生機構では、森林に全く無関心な森林所有者が自ら木を伐って運び出してくる場として「木の駅」を設け、そこまで運び出して来れば、その地域の支払い単価によりますが、例えば６０００円／ｔで買い取り、地域通貨を支払う仕組みをつくりました。その地域通貨の利用できるところは、その地域に根差した商店などです。出てくる材の市場価格はチップ材としての3000円／tですが、買い取り価格の6000円／tとの利ざやは、NPOを立ち上げた人たちの負担としてスタートしました。

そうすると多くの人たちが木の駅に材を運びこむようになり、所有者同士の間に連帯感が生まれ、商店も活気づいてきました。そのようなプラスの動きを見ると、さまざまなところから寄付が寄せられ、利ざやは埋められていき、行政が支援しだすようになり、森林組合とも良い関係ができてきたといいます。ここで大事なことは、そこに住んでいる森林所有者や商店の人たちとの間に連帯感が生まれ、行政が後押しするようになり、小さいながらも地域内の循環が生じ、地域の循環型社会の糸口をつくっていることです。このように人々や組織のつながりを良くしていくNPOの役割は貴重だと思います。「木の駅」は愛知県豊田市や鳥取県智頭町など全国の多くのところに広がっています。

「木の駅」が糸口になって森の管理や伐出技術の習得への意欲が生じ、その研修も行われています。技術の向上がないと循環の動きは発展しないでしょう。そして構造用材から木質バイオマス利用にいたるまでの木材利用の輪に向かっての動きもできつつあります。

まだまだこれから多くの問題はあるでしょうが、住民から動き出したこと、自治的な動きであることが大事なところです。それに対して森林組合はさまざまな点で自伐林家を支援していく役割が求められるでしょう。林業会社にもそれはあると思います。個々の自伐林家では及ばないところは多くあると思います。地域の林業は自伐林家、森林組合、林業会社などの協業が必要だと思います。

地域通貨がどの範囲まで、いつまで有効なものかは私には分かりませんが、それが地域循環の糸口の役割を果たすことはできるようです。ここで述べた地域循環は貨幣のことですが、それと物質とエネルギーの循環を合わせた地域の循環を考えることが重要です。その中で木質バイオマスの利用は不可欠だということです。

木質バイオマス材供給の仕組み

木質バイオマス材の供給について考えてみましょう。バイオマス材の単価は安くて、バイオマス材の供給だけの林業では採算に合いません。あえてそれをやると略奪的な粗っぽいものにならざるを得ず、環境保全や景観を損ね、持続性に反します。そのために製材用の良質材の生産を目的とした林業において、製材に適さない材をバイオマス材として供給に向ければ、伐出経費を良質材と込みにすることができるので採算に合うようにしていけます。したがって製材用素材の林業を振興させれば、それに伴う低質材をバイオマス材として供給できるとともに、製材所や集成材・合板の工場などにおける廃材やおが粉もバイオマス材として安定的に供給することができます。廃棄処分にコストがかかっていた廃材やおが粉が原料として生かせるので誠に好都合です。すなわち経済林（**用語解説8**）をベースにした製材用材生産の林業を振興させることが持続的なバイオマス材供給の大事な条件です。

もう一つのバイオマス材の供給源は、いわゆる里山の広葉樹の生活林（**用語解説8**）です。農家が裏山の所有林から日常に使う薪材を自家労働で伐り出し、その余剰物を市場に供給していくというシステムの構築が大事です。そのためには農山村において、居間の暖房は薪ストーブにするというような生活様式を築くことが必要だと思います。最も無駄のないエネルギーの利用法は、裏山の薪を燃やすことです。薪の火は暖かく人の心を落ち着かせ、暖炉のその火を囲んでの家族や来客とのだんらんは、その会話を和やかにします。スイッチ一つで暖かくなる電気やガスと違って、薪による暖房は少し時間がかかりますが、都会で通勤時間に毎日2時間ぐらい費やしていることを思えば、それぐらいの時間はゆとりの範囲です。否、そのようなゆとりの時間を持てるスローライフこそ価値のあることだともいえるでしょう。欧米の農山村では多くの農家は暖炉で薪を燃やし、だんらんを楽しんでいます。

余剰の薪は、商品として付近の町に出してもよいですし、ペレット材や、発熱・発電の原料としても活用できます。そのためには少量ずつ分散的に出てくる材をいかに合理的、計画的に集めて供給していくかのシステムをつくることが何よりも大事です。そのためにこそ農山村の住民の共同意識が重要です。農家林家同士の共同、森林組合の役割、行政の支援のいずれもが必要であり、その連携が必要です。大きな社会的理念を共有すればそれは可能なはずです。

小規模分散的な森林所有者・経営者の森林の活用を集約的に機能させていくための仕組みは重要で、生活林や経済林に応じた適切な路網の設定や計画的な伐採搬出の調整などの役割を果たす森林組合の存在は重要です。

かつての里山の美しい景観を求めて、NPOやボランティアの人たちが活動しておられるのは尊いことです。しかし里山再生のためにはそこで生活している人たち、特に農家の人たちが日常生活と産業に里山を活用しないと、里山の森林、すなわち里山の生活林は維持できません。里山の生活林は、そこに住む人たちの生きざまの表れたものでなければなりません。生活林からの木質バイオマスエネルギーの供給こそ里山の景観維持の原動力であるべきです。それとともに生活林の林床の落葉採取も必要で、落葉採取と薪材採取が行われて初めて生活林は維持回転され、里山の景観が保たれます。このような仕事はコスト的に合わないように見えます。しかし分業ではなく総業としての目に見えない合理性がそこにはあるはずです。

地域の発熱・発電装置ができれば、その熱は家庭にも配分されますし、農業のハウス栽培にも利用できます。ヨーロッパの多くの地域でそのような成功事例は見られます。そのような施設インフラ整備の工業力は日本がお得意のはずです。国土計画や農山村計画などを明確にし、農山村や地域の自治意識をしっかりさせていけば、それができないはずはありません。地域の自然エネルギー利用は発熱・発電のコジェネレーションが有効で、まずは地域内の熱利用が有効です。

都市部と農村部、お互いの理解の醸成が必要

このようにして農山村とその周辺の都市部の再生が進めば、そこの森林は良く管理され、自然と人為の調和した美しい景観が見られるようになります。それはそこに住んでいる人たちの感性を高め、地域愛を醸成する大事な要素になるはずです。しかもそれは、その周辺の都市部の人たちにとっても貨幣では換算できない大きな価値のあるものです。その地域の自然を生かした人々の生きざまの表れた景観こそ日本の文化の根底にあるべきものだと思います。

農山村には農山村の生活や産業のアイデンティティーがあって、その上に立った都市と農山村の交流が必要です。交流にはさまざまな形態のものがありますが、それを通してお互いの理解の醸成が必要です。特に都市部の人たちの農山村への理解は必要で、都会の子どもたちが農山村で学習することは必要だと思います。それぞれの地域の自然を生かした生き方を学ぶということは最も重要なことではないでしょうか。そして自然の中で感性が養われるということも非常に大事なことでしょう。

農山村で木質バイオマスエネルギーを自給していくということは、そこにおける生活や

産業様式のあり方を考え、農業と林業との関係を含めた複合的な経営、林業と木材産業との連携、さらにその先にある都市部の人たちが農山村地域の木材を使うことの社会的な意味の理解など、さまざまなことを総合的に考えていくことに連なる非常に重要なことです。そしてそれは日本社会のビジョンを考えていくうえで不可欠なことだと思います。ここに述べたような形で農山村が再生し、都市と農山村が良好な関係を築ければ、少子化という現在の文明社会が陥っている深刻な問題にも歯止めがかけられるのではないかと思います。これは非常に大事なところだと言えます。エネルギーも含めて森の力をうまく生かすことは、日本の社会の閉塞感を打ち破る大事な要素になると思います。

すべての答えの奥にあるもの

木材は日本がほぼ100%自給できる自然資源

寄せられた11のそれぞれの質問への答えの根底にある大事な考え方を最後に整理しておきたいと思います。時代や環境がどのように変化しようとも、最も柔軟に対応でき、持続的に森林生態系のサービスを発揮できる森林とはどういうものかを考え、それを目指していくことが大事です。それが大局的な価値観の土台になるものといってよく、そういった基本になる考えを共有していくことが大切です。

1992年のリオ・デ・ジャネイロにおける「国連環境開発会議」以来、生産と環境の調和は人類に課せられた重要課題となり、森林・林業においても「持続可能な森林管理」が最も重要な理念となりました。それは「森林生態系のサービス」を低下させないで、人類の必要とするサービスを適切に活用するということです。ここでいうサービスとは具体的には、木材などの林産物の生産、水源涵養、保健文化などであり、そのベースとして生物多様性保全、土壌保全などがあります。

また1980年代の終わりころから地球環境問題、とりわけ二酸化炭素などの温室効果ガスの増大による地球温暖化が深刻な問題となってきました。地球環境問題は地球生態系に人類の異常な活動が影響して生じる問題です。地球生態系は地域の生態系が集積したものですから、地球環境問題の解決のためには、それぞれの地域の人が地域の生態系に反しない生活や生産活動に努めていくことが基本的に大事だということになります。すなわち地域の資源を生かした循環型社会を目指していくということです。

以上の大きな社会的理念の中で森林・林業の役割を考えるとその重要性が浮かび上がってきます。生物多様性と土壌の保全を損ねない持続可能な森林管理は、地域の循環型社会の土台となるものであり、地球規模の環境保全に寄与するものです。したがって地域ごとに森林と持続的に付き合っていくということは、社会的理念に強く沿うことになります。

日本の自然の姿は森林で、木材は日本がほぼ100%自給できるであろう唯一の自然資源のはずです。したがって日本は本来林業国でなければならないはずなのに、そうはなっていないところが問題であり、その理由をよく把握して、それに対応する戦略を考えていかなければなりません。11の質問に対する答えは皆それに関連しています。

日本は温暖多雨であり、植物の生育に適していて生物多様性が非常に豊かです。これは一見林業に有利なように見えますが、目的樹種の育成に対しては雑草木の繁茂が大きなハンディになっています。すなわち目的樹種の森林を更新しようとすると、下刈りやつる切りなどの植生制御のコストが高くつくということです。また日本の地形は北海道と東北以外は一般に急峻で、しかも小じわのある複雑な地形が多く、集材の効率にハンディが付きまといます。

地域内で金が回り、再投資力ができる仕組みづくりを

グローバルな市場経済の中でこれにどう対応するかが問われます。そのために技術力を高めなければなりません。また木材の代替品との競合にも対応しなければならず、そのためにも技術力を高めなければなりません。しかしそれよりも先にもっと大事なことは、大局的な大きな戦略を考えることです。

それはまず地域の、そして自国の自然で生産された材をその地域または自国で使うことの意義、すなわちそれが持続可能な社会の構築に不可欠なことであることを、市民や国民が理解するように最大限の努力をするということです。そのためにはまず林業関係者が、その意義をよく理解する必要があります。そして循環型社会の構築のために、大径の良質材から低質材、製材や加工過程の廃材やおが粉などをバイオマス材として利用するなどカ

スケード型の木材の利用システムの構築が重要です。また広葉樹材を内装材などとして利用価値を高めていくことは地域の資源の有効活用のために大事なことです。さまざまな工夫により地域の林業と木材産業を振興させて、地域の発熱、発電エネルギーの自給システムを構築していくことが重要です。その余剰量は都市部に供給していくことが可能です。地域内で金が回り、地域内で再投資力ができる仕組みをつくることが何よりも大事です。

地域内で再投資力が働く仕組みをつくるには、林業家、製材業者、木材加工業者、工務店、発熱・発電業者などの連携、協業関係が重要です。特に森づくりに関わる林業家が、都市中心の経済理論で買いたたかれて、持続的な生産ができなくなることを防がなければなりません。持続可能な木材供給ができるように、林業の担い手が減らないように、否、増やしていけるように関連業界全体で適正な木材価格を決められるようにあらゆる努力をしていくことが重要です。そのためには加工材によって木材の需要を増やすとともに、無垢の良質な材が、それ相応の価格で取引される木の文化の再興が必要です。山で働く人たちの方向にいかに金が動くかを考えないと持続可能な森林管理はできません。これは政策の大事な課題です。

もちろんその一方で育林や伐出技術の向上に努め、低コストな生産システムの構築に努めていかなければなりません。生産と環境保全を調和させ、長い目で見て低コストの林業を展開できるのは、長伐期多間伐施業、択伐の複相林施業（群状、帯状を含む）、混交林施業であり、それらの目標林型を定めてそれらに向けた合理的な施業体系を構築していくことが重要です。人工林といえども、できるだけ自然要素を生かし、構造を豊かにしていくことは、気候変動への対応の柔軟性、病虫獣害への生態的防除、生産力の維持（土壌保全）、多様な樹種とサイズによる木材供給の弾力性、そして総合的に見た低コスト林業を実現するための大事な方向性だと思います。

先に述べたのは生産林の中でも構造用材を中心に生産する経済林の話ですが、そこに住む農家の人たちがその裏山の生活林（里山）を自らの生活のために薪材などとして活用し、その余剰物を商品として町に出していくというシステムの再構築も重要です。ゆとりと潤いのある社会を取り戻すということも大きな戦略の中の一つだと思います。里山の美しい景観は国民的な財産で、都市部の人たちと農山村の人たちの相互理解の重要な場となり得ます。林業の振興は国民的な理解と合意形成なしには成り立たないでしょう。

地域の経営主体の共同、協業こそ重要

すでにある天然林は生産以外の機能を高度に発揮するための環境林として保全し、地利的に無理な場所に造成した人工林は天然林に戻るように誘導し、環境林にするなどして、経済林、生活林、環境林の目標林型に向けた管理施業を実践していくことが、森林生態系のサービスの費用対機能効果を最も合理的に高めていける戦略だと思います。そのためには、そういうメリハリのあるグランドデザインを描いて森林の管理施業を行っていくことが、大事なことだと思います。もちろんそれぞれの森林区分がはっきり分けられるものではなく、その中間的なものがあってもよいことはいうまでもありませんが、考え方としてはそのような大枠で整理していくことが必要だと思います。

以上に述べた大きな枠組みの構想、すなわち大きな戦略の中で個々の技術を考えていく必要があります。長伐期多間伐施業や複相林施業の実践のためには、効率的に伐出できる路網の作設整備が必要で、そのための技術が重要です。目標林型を考えつつ、それぞれの時点で条件の許す限り収益を高める間伐の選木技術も重要です。現場の技術は長期的に見て経営を左右するものです。したがって現場技術者の質の向上は極めて重要です。林業技

術者は常に「なぜなのか」を問いながら作業をしていかなければなりません。林業技術者はその場その場で、自分で判断しなければならないことが多いからです。もちろんチームワークも必要です。伐倒する人は集材する人のやりやすいように伐倒の仕方を考え、集材する人はフォワーダーやトラックで搬出する人が積み込みやすいようにするというように、常に次のステージを考えて作業しなければなりません。経営者と現場が一体となって最適の作業システムを工夫していくことが重要です。

自伐林家、森林組合、林業会社、これらの木材生産の経営主体がそれぞれの特色を生かして、共同、協業していく姿勢が重要です。グローバルな資本主義の中で、地域の林業を振興させていくためには、地域の森林の管理をしていく仕組みが必要で、森林組合などはそれに対する大事な役割があるはずです。特に後継者のいない私有林に対してはそうです。また国有林や県有林も地域の森林・林業に貢献するものでなければなりません。そして製材所、木材加工会社との間に信頼感のある良好な関係を築くことが重要です。それらを通してできるだけ地域内で金が循環し、資本が集積していける仕組みを考えることが重要です。そのためには農業と林業の関係を深めていくことも大事です。ストックの高い、生態的にもしっかりとした森林の経営基盤の上で林業経営を回転させていけることを目指すことが大事です。

地域社会のあるべき姿を描きながら、森林・林業のビジョンを描き、経営と作業技術の向上に努めていくことは、大変やりがいのある仕事であり、誇りの持てる仕事だと思います。そういう姿を示しつつ、若い志のある人たちを森林・林業の世界に呼び込んでいくことが大事です。日本の自然の最大の資源である森林を活用するために、森林・林業を国民的議論にまでもっていくことが必要です。そのために森林・林業に関係している私たち自身が、常に「なぜなのか」を問い続け、正解を求めていくことが必要です。不確定要素の大きい森林・林業では完全な正解は得られないかもしれません。でも大きな方向性での正解を求め続けることは重要です。それが行動基準、判断基準の基本になるからです。

本書の質問に対する答えは、前述した大局的な考えに基づいています。個々の質問への答えを通して、その奥にある大事な考えを読み取っていただけたらと思います。それを参考にして読者の皆さま方自身が議論をしていただければと思います。

用語解説

1　林分

樹種の組成とその大きさや密度などが、ほぼ同じような樹木の集団のひとまとまりの広がりの呼称。森林が広がっている中で、周りとは明らかに違いが分かる、ある程度の面積を有するひとまとまりの森林。森林の取り扱いなどで議論するときの、具体的な対象となるひとまとまりの森林。

2　樹冠長率

個々の木の枝葉の部分を樹冠というが、樹冠の長さ（幹の梢端から一番下の生きた枝までの長さ）を樹高で割った比率（パーセント）。**図24**で樹冠長率について図解している。また、さらに詳しい説明は、この用語解説の最後に紹介している文献の3に書かれている。

3 （森林）生態系のサービス

生態系は多様な機能を有しているが、それによりわれわれが得られる恩恵を生態系サービスと呼んでいる。すなわち森林生態系の機能の中で、人間がその生活のための都合から価値を認めるものが生態系のサービスである。

図24　樹冠長率
（藤森ら、2012年）

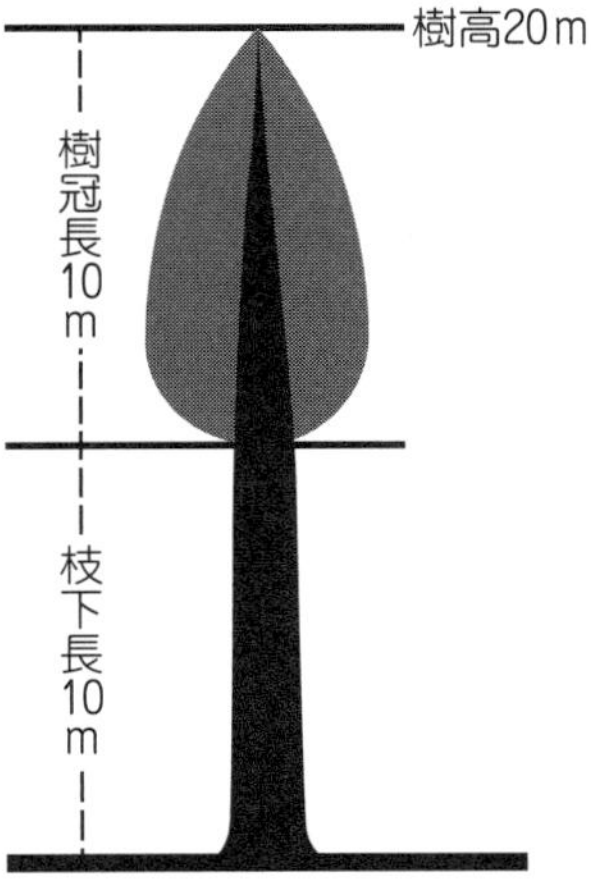

樹冠長率＝樹冠長／樹高

図25は森林生態系の機能と、その中で人間が求める森林生態系のサービスとの関係を示したものである。この図の上の水平方向の線の相対的な長さは、現代に

図 25　生態系の機能の重要度と生態系サービスの重要度の関係
（Fujimori T., Ecological and Silvicultural Strategies for Sustainable Forest Management, Elsevier, 2001）

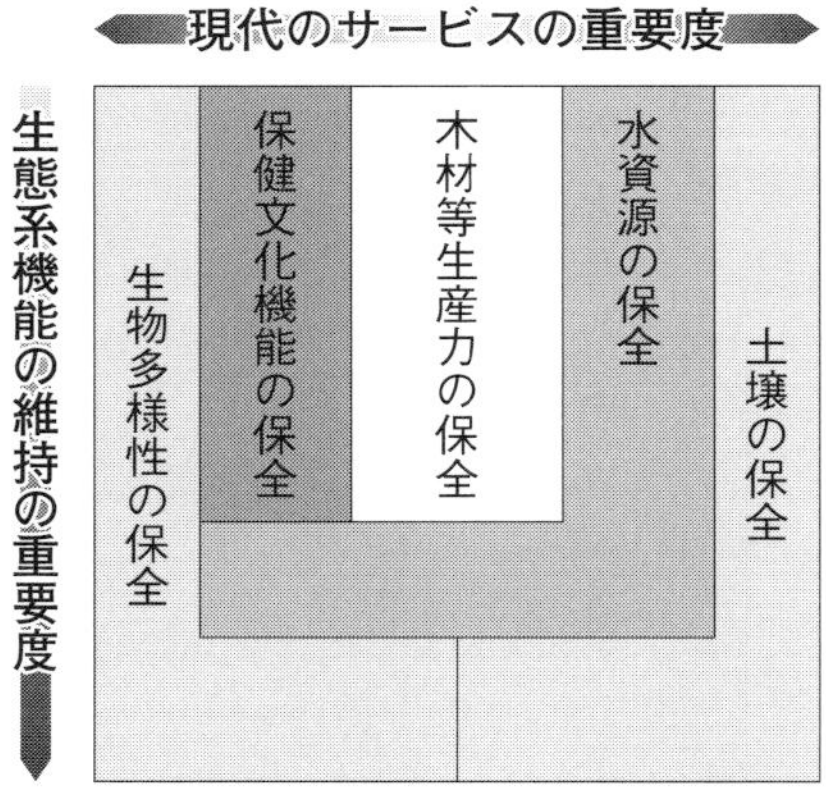

水平方向の相対的長さは、人間の要求を満たす現在のサービスの重要度を示す。垂直方向の相対的な長さは、未来に向けた潜在力を保つ支持サービスの重要度と、基盤的機能の重要度を示す。

おける人間の要求に応えるサービスの重要度を示すものである。この図の垂直方向の相対的な長さは、未来に向けての生態系サービスの支持基盤としての機能の重要度を示すものである。

この図から分かることは、生態系のサービスとしては木材生産や水源涵養などの重要度が高いが、それらを持続的に発揮させるためには、森林生態系の基盤的な機能である生物多様性や土壌の保全が重要だということである。土壌の生成は土壌生物の活動と強い関係があり、生物多様性と土壌の健全性は一体的である。このように森林生態系の機能と森林生態系のサービスの重要度の関係をよく考えて森林を管理していくことが、持続可能な森林管理の基本である。

4 複相林

垂直的に複層の階層構造を有する森林を複層林と呼んでいる。しかし安定した複層林の構造を注意深く見ると、優勢木が倒伏したり伐倒されたりすることによって生じた林冠の孔（これをギャップという）、すなわち上方が空いた場所を中心に相対的に低い木が小集団的に相を作っていることがわかる。つまり複層林というのは、上下方向に階層が重なり合っているのではなく、高さの異なる群が水平方向に分布していることが普通なのだということである。そういうことから複層林という用語は複相林とした方が良いという意見が以前から出されており、私もそれに同感なので複相林の方を使うことにした。複層林というと上下が重なり合っているというイメージであり、そういうこともあってか、これまでは複層林の造成と称して、スギやヒノキの一斉林に強い間伐を施し、その下に一律にスギやヒノキの苗木を植栽し、上下方向が窮屈な形になってうまくいっていない例が多い。そういう誤った発想を防ぐためにも複層林ではなく複相林という用語を使った方が良い。

なお、耐陰性の高い低木や小高木は二段的な形で複層林の下木を形成しており、複層林の名にふさわしい構造を形成している。しかし林業用の対象樹種の場合は、複相林の構造を取らないとうまくいかないことが多い。

5 林分の発達段階

森林は時間の経過とともにその構造は変化していくものである。大きな攪乱（強風、火災、皆伐など）があった後、大規模や中規模の攪乱がない状態が長く続いたときに、森林の構造がどのように変化していくかの段階的特徴によって区分したものを森林（林分）の発達段階という（図26）。

図 26　森林（林分）の発達段階の模式図
（藤森隆郎、森林科学 21、1997 年）

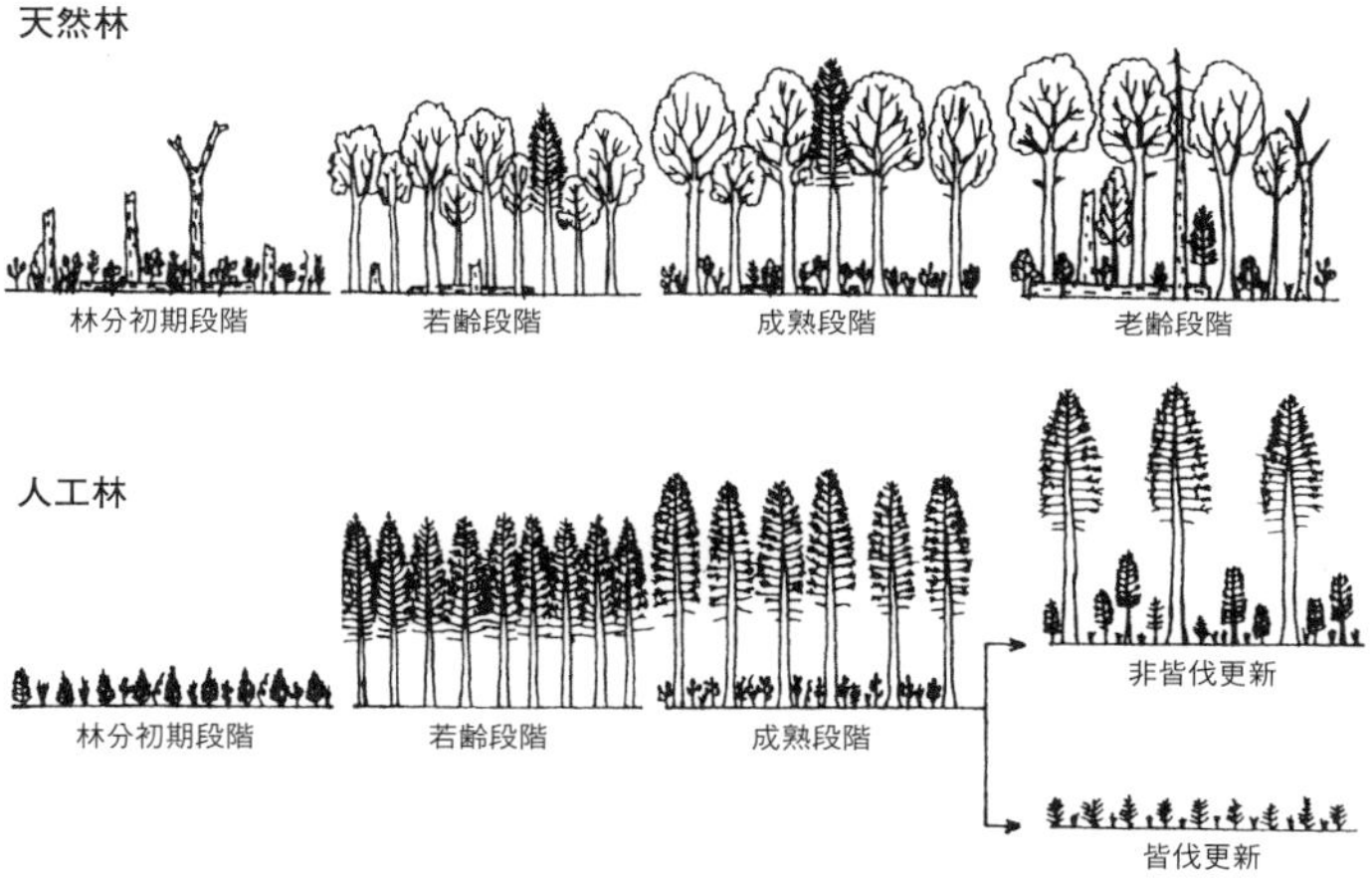

Oliver（1981）と Franklin and Hemstrom（1981）を参考の基本にして、藤森ら（1979）、真部ら（1979）の資料と清野（1990）の報告を参考に加えて描いた

撹乱後に草本類優占から木本類優占へと移行する期間を林分成立段階または林分初期段階という。この期間は10〜15年ぐらいまでである。林冠が形成されてからしばらくは林冠の閉鎖度が高く、下層植生は目立って乏しくなるが、この期間を若齢段階という。若齢段階は40年ぐらい続くことが多い。大きな撹乱から50年前後してくる

と、風の影響で樹冠の枝葉の先端が擦り落とされ、樹冠同士の間に隙間ができるようになり、林内はその分明るくなって、下層植生が豊かになってくる。この2段林的な構造の段階を成熟段階という。

成熟段階も100年前後続くと、優勢木の中にも衰退木や立枯木が順次出現するようになり、それに伴い森林の構造が水平的にも立体的にも複雑になってくる。これが老齢段階(老齢林)で、大規模な攪乱がない限り老齢林は、その複雑な構造を維持しながら、その中で世代の交代が図られていく。極相林といわれているものは老齢林とほぼ同じものとみてよい。

林分の発達段階は、林分構造の違いによって区分したものであり、それは機能の変化と密接に関係するものである。したがって第一に求める機能(サービス)によって、その目標とする森林の姿を、林分の発達段階のどの段階に置くかということが重要であり、林分の発達段階を理解することは森林の管理技術の基礎として重要だということになる。

なお、林分の発達段階についてのさらに詳しい説明は、この用語解説の最後に紹介している文献の1~3に書かれている。

6 林分の発達段階と機能の変化

林分の発達段階に伴い森林生態系の機能（サービス）がどのように変化していくかを示したものが**図27**である。縦軸は機能の高さの程度を表すもので、それぞれの機能が森林の発達段階に伴ってどのように変化するかを示すものである。５本の曲線は、その上下には何の量的関係もなく、ただ見やすいように座標上に一定間隔を設けて並べられているものである。縦軸は相対的に高いか低いかを示すだけのものであり、絶対値を示すものではない。必要なことは、それぞれの線の変化のパターンを比較して見ることである。

図27を見て一目で分かることは、純生産速度の線とほかの機能の線とは変化のパターンが全く異なることである。この事実は森林管理を考える上で極めて大きな意味を持つものである。

純生産速度は一年間の純生産量のことである。純生産量は光合成生産料から呼吸消費量を引いたもので、一年間の成長量（速度）に相当する。そして一年間の成長量は林木の幹の成長量に比例する。したがって図27の純生産速度は林業における幹の生産量（速度）に置き換えて読み取ることができる。なお

図 27　森林（林分）の発達段階に応じた機能の変化

（Fujimori T., Ecological and Silvicultural Strategies for Sustainable Forest Management, Elsevier, 2001 を一部修正）

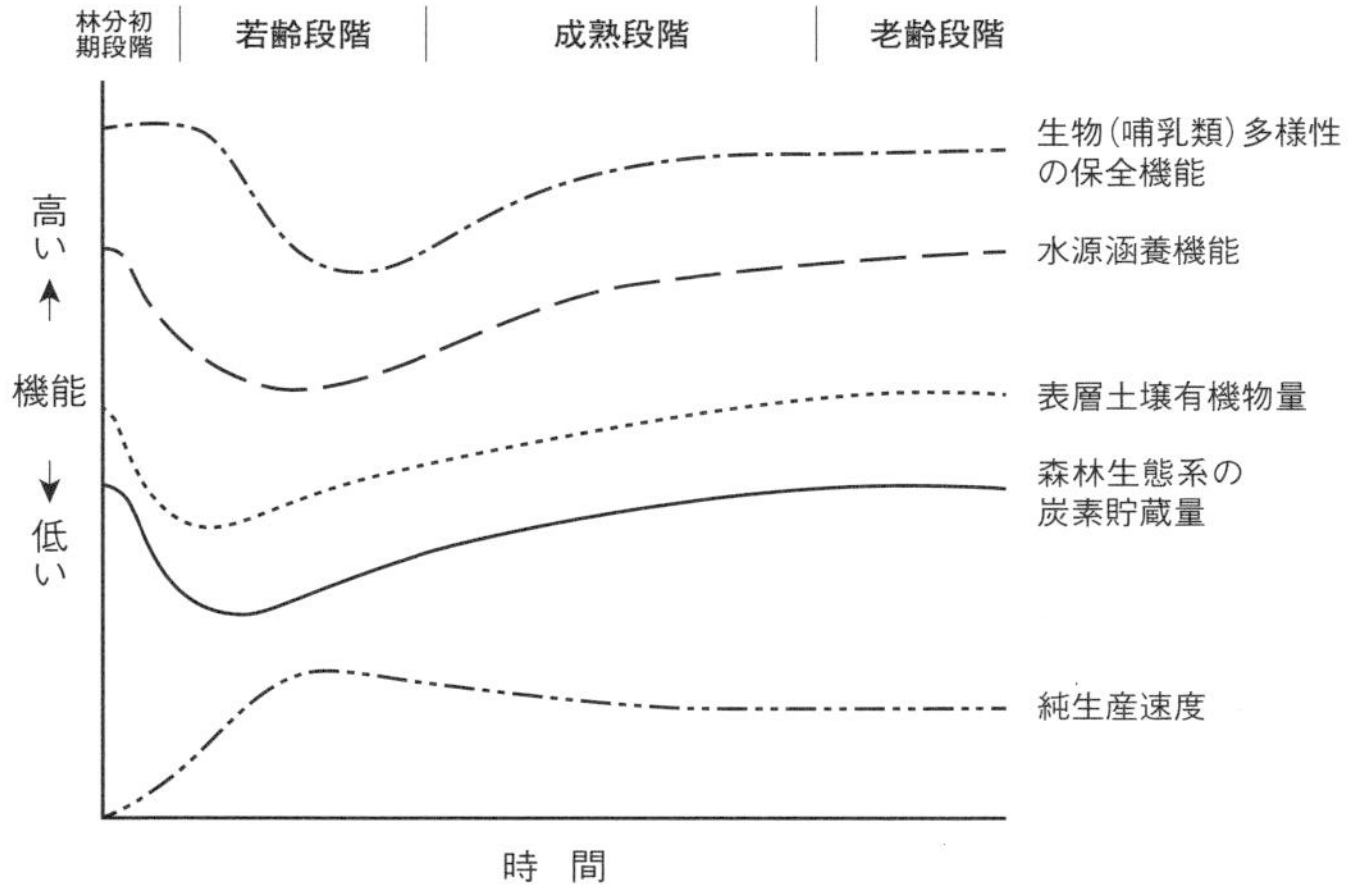

生物多様性の保全機能は Franklin and Spies (1991)、Oliver (1991) に、水源涵養機能は Watson et al. (1999) に、表層土壌有機物量は Covington (1981) に、森林生態系の炭素貯蔵量は Kauppi et al. (2001) に、純生産速度は Bormann and Likens (1979)、Hatiya et al. (1989)、大畠 (1996)、Ryan et al. (1997)、Kurz and Apps (1999)、Tang et al. (2014) によった。

この図は、大規模な攪乱を受けた後、大規模又は中規模の攪乱のない状態が続いた場合のものであり、その期間は 200 年余りを想定したものである。攪乱から各段階への移行時期は、林分初期段階から若齢段階へは 10 年前後、若齢段階から成熟段階へは 50 年前後、成熟段階から老齢段階へは 150 年前後を経た時期である。上の４本の線のスタートの高さは、老齢段階で攪乱を受けた時点での高さである。

表３　森林（林分）の発達段階と機能の関係
（藤森隆郎ら、森林施業プランナーテキスト基礎編、2010 年）

		森林の発達段階			
		林　分 初期段階	若齢段階	成熟段階	老齢段階
森林の機能	木材生産 （成長速度・炭素吸収速度）	低い	高い	比較的高い	比較的低い
	生物多様性の保全	比較的低い	低い	比較的高い	高い
	水土保全	低い	低い	比較的高い	高い
	炭素貯蔵量	低い	比較的低い	比較的高い	高い

純生産速度は炭素の吸収速度とも比例する。純生産速度は若齢段階で最大値を示して、成熟段階で残減し、老齢段階でやや低い水準で安定的になる。

生物多様性は林分初期段階で高く、若齢段階で最低になり、成熟段階で増大し、老齢段階で高い水準で安定的になる。ただしこの資料は哺乳類の多様性であり、昆虫類や鳥類を含めると林分初期段階の生物多様性はもっと低くなる（**表3**）。

水源涵養機能は、林分初期段階で急激に低下し、若齢段階で最小になり、成熟段階で増大し、老齢段階で高い水準で安定的となる。

森林生態系の炭素貯蔵量は、林分初期段階から若齢段階にかけてのところで最小になり、成熟段階で増大していって、老齢段階で高い水準で安定的になる。森林生態系の炭素の吸収速度は若齢段階で最も高くなるのに対して、炭素の貯蔵量は老齢段階で最も高くなるというように、炭素の吸収速度と貯蔵量の変化のパターンは全く異なる。すなわち一つの林分で炭素の吸収速度を最大にすることと、炭素の貯蔵量を最大にすることは同時に達成することはできないということである。

従来は、成長の旺盛な森林はすべての機能に勝ると信じられ、だから木材生産のためにその森林をよい取り扱いをしていれば、他の機能も同時に高められるという予定調和論が行き渡っていたが、**図27**からそうではないことが分かる。

なお、各種機能（サービス）がなぜそのように変化するのかの理由は、用語解説の最後に紹介している文献の1〜3の中に説明されている。

7 天然林・天然生林・人工林

森林タイプにはいろいろな区分の仕方があり、たとえば優占樹種の特徴によって分ける落葉広葉樹林、針葉樹林というような区分、あるいは幾何学的な構造による単層（相）林、複層（相）林というような区分などがある。それらに対して天然林、天然生林、人工林という区分は、森林に対する人為の関わり方、あるいは関わりの度合いによって区分されたものであり、森林の取り扱いを議論するときには不可欠な区分である。

天然林は、厳密にいうと人手の加わらない森林であり、台風や火災などの自然攪乱によって天然更新され、自然の状態にある森林である。しかし多少は人手の加わった森林でも天然要素の高い森林は天然林と呼ばれることが多い。

天然生林は、伐採などの人為の攪乱によって天然更新され、その後も人手の入っている森林である。たとえば里山の萌芽更新した広葉樹の薪炭林は天然生林であり、それの放置されたものも天然生林である。しかし非常に長く放置され続けると、それは天然林と呼ばれるようになる。

苗木を植栽したか、種子を散布して成立した森林を人工林と呼ぶ。ただし種子を散布して成立した人工林は極めてまれである。人工林は間伐などの手入れの伴うのが普通である。

前述したように天然林と天然生林をはっきり区別できない場合が多い。今、目の前にある森林が天然林か天然生林かは、はっきりしなくても、はっきりさせなくてもよい場合が多い。そういう場合は、それを天然林と呼んでもよいし、天然生林と呼んでもよい。しかしその森林に何を期待し、今後どのように扱っていこうかとする時には、その目標林型が天然林の中にあるのか天然生林の中にあるのかは決定的に重要である。目標林型の違いによってその取り扱い方が大きく違ってくるからである。林業関係者と自然保護関係者の議論がかみ合っていない場合の多くは、天然林と天然生林の区別を整理しないままに議論がなされているからである。したがって行政においてこれらの用語をしっかり区別させていくことが必要である。

表4　生産林（経済林、生活林）、環境林の機能区分と目標林型などとの関係（国民と森林 113 号、2010 年）

			目的とする機能	目標林型		管理・施業の特色
				林種	林分の発達段階	
機能区分	生産林	経済林	商業的木材生産機能	・人工林 ・天然生林	成熟段階を主体に一部若齢段階	生産目的と立地環境に照らした施業体系に基づく施業
		生活林	生活に結びついた多機能の発揮	・天然生林 ・人工林	若齢段階から成熟段階	目標に応じた多様な機能の並存・供給を心がけた施業
	環境林		・生物多様性保全機能 ・水土保全機能	・天然林 ・天然生林	老齢段階	自然のメカニズムを尊重し必要のない限り手をつけない

8　生産林（経済林、生活林）と環境林

用語解説7で区分したような森林タイプとはまた違った形で、森林の利用目的で分けた区分も、森林を管理していく上で重要である（**表4**）。まず大きくは生産林と環境林に区分される。

生産林は木材生産を第一に考えて伐ることを前提にした森林であり、環境林は生物多様性や水源涵養などの機能の発揮を第一に考えて、自然のメカニズムに任

せることを重視し、特別な場合を除いて伐ることを考えない森林である。

生産林の中には、商品生産を第一に考えた経営を行う経済林と、自家労働で日常生活や産業（主に農業）に必要なものの自給を第一に考え、余剰品を商品として出す営みの対象となる生活林に区分される。生活林というのは、いわゆる里山といわれているものを機能的に捉えた呼称である。生活林の生産物は薪、炭、有機物肥料としての落葉、不定期的な副収入となる製材用材などである。

このような区分は、森林生態系の多様なサービスを立地環境や社会的ニーズに照らして、持続的に最も有効に発揮させていくために必要なものである。言葉を換えれば、森林生態系の多様なサービスの費用対機能効果が最も高い管理法にこのような区分は必要だということである。それは小さな流域から国土全体にいたるまでの森林管理のグランドデザインに必要な区分であり、地域計画や国土計画に必要なものでもある。

用語解説の内容がさらに詳しく説明されている文献

1　藤森隆郎「新たな森林管理―持続可能な社会に向けて」全国林業改良普及協会　2003

2　藤森隆郎「森林生態学―持続可能な管理の基礎」全国林業改良普及協会　2006

3　藤森隆郎「森づくりの心得―森林のしくみから施業・管理・ビジョンまで」全国林業改良普及協会　2012

おわりに

森林・林業の仕事に携わりながら、「なぜそうなのだろう」ということを考え続けていけば、「自分のやっている仕事は、社会にとって何と重要な仕事なのだろう」ということを自覚できるようになり、自分の仕事に対する誇りが増すでしょう。自分の仕事に誇りが持てるか否かは人生にとって非常に重要なことです。

しかし自分の周りがそれとかけ離れていると、逆に苦悩が増してくるでしょう。その苦悩を乗り越え、少しでも周りの環境を変えていくために、同じ気持ちの人たち同士が語り合い、協力し合っていくことが大事だと思います。これは職場や職種の内外を問いません。森林・林業はさまざまな立場の人たちとの共通理解を得て成り立つものです。

特に現場技術者の人たちは、その技術の向上に努めることにより、自分の仕事がどのように誇らしいものであるかを自信を持って感じていただきたく思います。そしてそれが次世代の若者に伝わるようにしていただければと思います。私たち周りの者もそうなるようにできる限りの努力をしていくべきだと思います。本書もそういうことの機会の一つになれば大変うれしく思います。

索引

著者紹介

藤森 隆郎

ふじもり たかお

1938年京都市生まれ。

農学博士。1963年京都大学農学部林学科卒業後、農林省林業試験場（現在の独立行政法人森林総合研究所）入省。森林の生態と造林に関する研究に従事。研究業績に対して農林水産大臣賞受賞。1999年、森林環境部長を最後に森林総合研究所を退官。社団法人・日本森林技術協会技術指導役、青山学院大学非常勤講師を務めた。気候変動枠組み条約政府間パネル（IPCC）がノーベル平和賞を受賞したことに貢献したとしてIPCC議長から表彰される。

主な著書

『枝打ち—基礎と応用—』　日本林業技術協会

『多様な森林施業』　全国林業改良普及協会

『森林の百科事典』（共編著）　丸善

『森林における野生生物の保護管理』（共編著）　日本林業調査会

『森との共生—持続可能な社会のために』　丸善

『Ecological and Silvicultural Strategies for Sustainable Forest Management』　Elsevier, Inc. Amsterdam.

『新たな森林管理—持続可能な社会に向けて』　全国林業改良普及協会

『森林と地球環境保全』　丸善

『林業改良普及双書 No.153　長伐期林を解き明かす』（共著）　全国林業改良普及協会

『森林生態学—持続可能な管理の基礎』　全国林業改良普及協会

『実践マニュアル提案型集約化施業と経営』（共著）　全国林業改良普及協会

『間伐と目標林型を考える』　全国林業改良普及協会

『藤森隆郎　現場の旅　新たな森林管理を求めて　上・下巻』　全国林業改良普及協会

『森づくりの心得 森林のしくみから施業・管理・ビジョンまで』　全国林業改良普及協会

装幀　　　　クリエイティブ・コンセプト（根本眞一）

「なぜ3割間伐か？」林業の疑問に答える本

2015年2月10日　初版発行
2018年6月25日　第2刷発行

著　者　藤森隆郎

発行者　中山　聡

発行所　全国林業改良普及協会
〒107-0052　東京都港区赤坂1-9-13　三会堂ビル
電話　03-3583-8461（販売担当）
03-3583-8659（編集担当）
FAX　03-3583-8465
ご注文専用FAX　03-3584-9126
webサイト　http://www.ringyou.or.jp/

印刷・製本　松尾印刷株式会社

ⓒ Takao Fujimori　Printed in Japan　ISBN978-4-88138-318-6

一般社団法人　全国林業改良普及協会（全林協）は、会員である47都道府県の林業改良普及協会（一部山林協会等含む）と連携・協力して、出版をはじめとした森林・林業に関する情報発信および普及に取り組んでいます。
全林協の月刊「林業新知識」、月刊「現代林業」、単行本は、次のURLリンク先の協会からも購入いただけます。

www.ringyou.or.jp/about/organization.html
〈都道府県の林業改良普及協会（一部山林協会等含む）一覧〉